건설기계일반 및 유체기계

김정배 지음

세진사

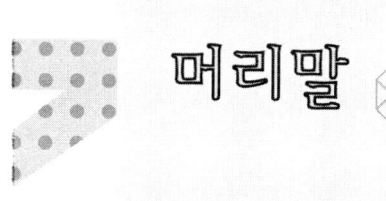

머리말

건 설기계일반 및 유체기계는 공업계 고등학교에서, 기계계열 대학교에서 중요한 전공필수 교과로 이수했으리라 본다. 본 수험서는 국가기술자격시험 및 공무원, 철도청, 회사공채, 편입시험에 필수적인 기계계열의 중요한 과목이다.

본 교재는 십여 년간의 강의 경험과 현장실무를 바탕으로 시험에 응시했던 수험생들의 의견을 모아 그 동안 시행하지 못했던 On-line 및 Off-line 강의를 이 교재를 통해서할 수 있게 되어, 인터넷을 통하여 강의를 들을 수 있도록 하였다.

본 교재는 수험생이 알아야 할 중요한 내용을 요약·정리하였고, 예상문제 및 기출문제를 엄선하여 수록했으며 쉽고 자세한 해설을 넣었다.

질의·응답 및 동영상 강의 사이트
www.khanyang.com

[본 수험서의 특징]

▶ 국가기술자격시험 및 공무원, 철도청, 회사공채, 편입시험을 단기간에 완성할 수 있도록 하였다.

▶ 각 단원별로 요약정리 및 예상문제를 엄선하여 수록하고, 쉽고 자세한 해설을 넣어 학습자 스스로가 문제를 해결할 수 있도록 하였다.

▶ 최근 출제문제 및 예상문제를 넣어 학습한 내용을 확인하고 스스로 평가할 수 있도록 하였다.

▶ On-line과 Off-line 강의를 동시에 실시하므로 학습효과가 뛰어나다.

본 교재를 충분히 공부하여 공무원, 철도청, 회사공채, 편입, 국가기술자격시험에 합격되시기를 기원하며 차후 변형되는 출제경향 및 기출문제 등을 수록하여 보완해 나갈 것이며, 본서를 출간함에 있어 도움을 주신 도서출판 세진사 직원 여러분에게 진심으로 감사를 드립니다.

저 자

 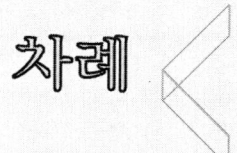

차례

제1편. 건설기계일반

제1장 **도 저** **13**
1-1 정의 13
1-2 종류 및 특징 13
1-3 규격표시 방법 14
1-4 작업능력 15
1-5 작업량 산출 및 작업거리 15
1-6 베토판 및 삽날 15
1-7 동력전달순서 15
1-8 도저의 작업방법 16
1-9 접지압 및 제어장치 16
1-10 건설기계의 주행저항 16
1-11 트랙터의 주행장치 형식 16
1-12 와이어로프 마모 요인 17

제2장 **스크레이퍼** **18**
2-1 용도 및 종류 18
2-2 구조 18
2-3 작업방법 19

제3장 **그레이더** **20**
3-1 그레이더의 용도 20
3-2 그레이더의 회전반경 20
3-3 그레이더의 구조 20
3-4 동력전달 순서 21
3-5 작업방법 21
3-6 비포장도로 작업시 그레이더의 작업속도 21

제4장	굴착기	22
	4-1 정의	22
	4-2 전부장치	22
	4-3 종류	23

제5장	크레인	24
	5-1 크레인의 구조	24
	5-2 크레인의 일곱 가지 기본동작	24
	5-3 붐	25
	5-4 붐의 각도	25
	5-5 붐의 교환방식	25
	5-6 크레인의 성능표시	25
	5-7 크레인의 종류	26

제6장	롤러	27
	6-1 종류	27
	6-2 구동	27
	6-3 분류	27
	6-4 규격	29

제7장	운반 및 적재기계	30
	7-1 지게차	30
	7-2 덤프트럭	31
	7-3 트레일러	31
	7-4 컨베이어	31
	7-5 왜건	32
	7-6 로더	32

제8장	포장기계	33
	8-1 콘크리트 피니셔	33
	8-2 콘크리트 믹서	33
	8-3 콘크리트 배칭 플랜트	34
	8-4 콘크리트 펌프	34
	8-5 콘노상 안정기	35

8-6	아스팔트 피니셔	35
8-7	아스팔트 믹싱 플랜트	36
8-8	아스팔트 살포기	36

제 9 장	준설기계	37
9-1	그래브 준설선	37
9-2	디퍼 준설선	37
9-3	버킷 준설선	38
9-4	펌프 준설선	38
9-5	토운선	39

제10장	공기압축기	40
10-1	압축방식에 따른 종류	40
10-2	토출량에 따른 종류	40
10-3	종류	41
10-4	규격	41
10-5	각 부의 기능	41

제11장	파일 드라이브	42
11-1	디젤파일 해머	42
11-2	진동파일 해머	42
11-3	드롭해머	43
11-4	증기해머	43
11-5	착암기	43
11-6	천공기	43

제12장	쇄석기	44
12-1	디젤파일 해머	44

적중 예상문제(1편)		45

제2편. 유체기계

제1장 **유체기계의 정의**   85
1-1 분류   85

적중 예상문제   86

제2장 **펌프**   87
2-1 유량 구하는 식   87
2-2 실제 양정   87
2-3 전 양정   87
2-4 원심펌프의 이론 수두   88
2-5 펌프의 동력과 효율   89
2-6 원심펌프의 상사법칙   89

적중 예상문제   93

제3장 **축류펌프**   96
3-1 축류펌프의 특징   96
3-2 비교회전도 비교   96
3-3 축류펌프의 사용 용도   96
3-4 구조   96
3-5 오일러의 수두   97
3-6 항력과 양력   97
3-7 축류펌프의 공동현상   97

적중 예상문제   98

제4장 **왕복펌프**   100
4-1 구성   100
4-2 분류   100
4-3 왕복 펌프밸브의 구비조건   100

적중 예상문제   101

제5장 **회전펌프**   102
5-1 종류   102
5-2 회전펌프의 특징   102

5-3	치차펌프(기어펌프)	102
5-4	베인펌프	103
5-5	나사펌프	103

제6장 특수펌프 **104**

6-1	마찰펌프	104
6-2	분사펌프	104
6-3	기포펌프	104
6-4	수격펌프	104

적중 예상문제 **105**

제7장 수차 **106**

7-1	개요	106
7-2	수력 발전소의 종류	106
7-3	수차의 종류	106
7-4	동력	107
7-5	수차의 비교회전도	107
7-6	수차의 회전수	107
7-7	낙차와 비교회전도	107

적중 예상문제 **109**

제8장 공기기계 **112**

8-1	송풍기, 압축기	112
8-2	압축 방법에 의한 분류	112
8-3	특징	112
8-4	원심 송풍기 구조	113
8-5	원심 송풍기의 서징현상	114
8-6	축류 송풍기 구조	114
8-7	왕복 압축기 종류	114
8-8	회전식 압축기	114
8-9	진공 펌프와 압축기의 차이	115

적중 예상문제 **116**

제3편. 과년도 연습문제 _121

건설기계일반

제1장 | 도저

제2장 | 스크레이퍼

제3장 | 그레이더

제4장 | 굴착기

제5장 | 크레인

제6장 | 롤러(다짐용 기계)

제7장 | 운반 및 적재기계

제8장 | 포장기계

제9장 | 준설기계

제10장 | 공기압축기

제11장 | 파일 드라이브(기초 공사용 건설장비)

제12장 | 쇄석기

제1장. 도 저

1-1 정의

도저(dozer)는 트랙터에 삽을 설치하여 견인하면서 작업을 수행하는 기계를 말하며 크롤러형 트랙터에 삽을 설치하면 크롤러형 도저가 되고 타이어 트랙터에 설치하면 타이어 도저가 된다.

1) **크롤러형(Crawler type) : 접지압 $0.5kg/cm^2$**

   탱크바퀴와 같이 무한 궤도식으로 접지면적이 크므로 접지압력이 낮다. 그러므로 연약한 지반에 작업이 용이하고 등판능력과 견인력이 크다. 마모에 강하며 습지대 작업도 가능하다.

2) **타이어형(Wheel type) : 접지압 $2.5kg/cm^2$**

   크롤러형에 비해 이동성 및 기동성이 좋고 평탄한 도로 및 포장도로에서 마모 없이 작업하기가 좋다.

1-2 종류 및 특징

1) **스트레이트 도저(Strait dozer)**

   트랙터 앞 베토판이 90°로 장착되어 있어 상하로 10° 경사시켜 절토 및 송토 작업에 적합하나 삽날은 변경할 수 없다.

2) **앵글도저(Angle dozer)**

   베토판을 수평좌우로 25~30° 회전 가능하며 산허리를 깎는 측면절삭 및 흙이나 눈을 옆으로 밀면서 전진하므로 제설, 제토작업 및 경사면이나 도랑굴삭도 할 수 있고 스트레이트 도저와 틸트도저 역할도 가능하다.

3) **틸트도저**(Tilt dozer)

   베토판을 상하로 20~30° 조절가능하며 V자형 배수로 굳은 땅, 얼어붙은 땅, 도랑 굴착작업에 적합하다.

4) **힌지도저**

   제설 및 도사운반용으로 다량의 흙을 운반하는데 적합하다.

5) **트리도저**

   개간 정지작업에 적합하고 트랙터 앞에 V자형이 베토판을 붙여 상하이동하며 나무뿌리도 제거할 수 있다.

6) **레이크 고저**

   베토판 대신 레이크(rake)를 부착하여 발근(拔根)용이나 지상 청소작업에 적합하다.

7) **U도저**

   베토판이 U자로 되어 있어 흙이 옆으로 넘치는 것을 방지한다.

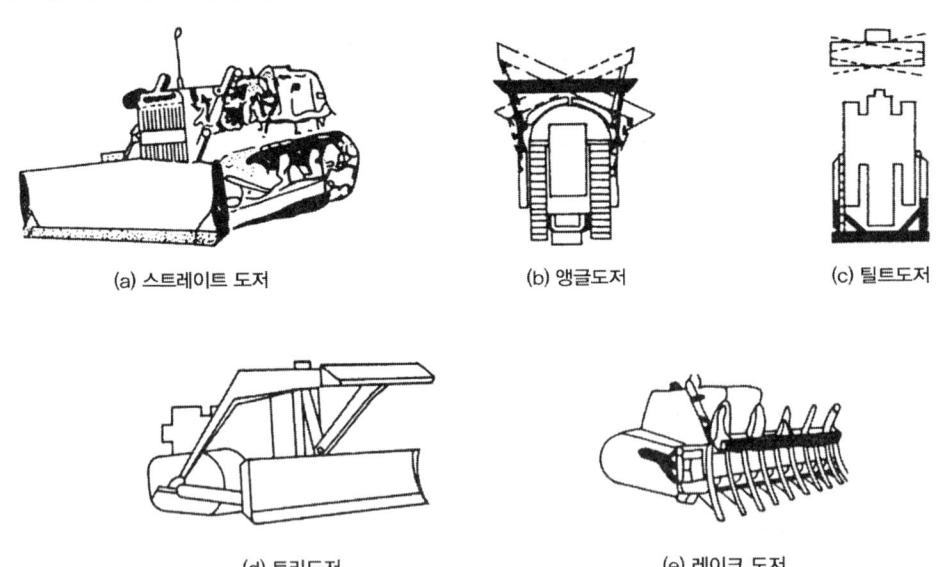

(a) 스트레이트 도저   (b) 앵글도저   (c) 틸트도저

(d) 트리도저   (e) 레이크 도저

[도저(dozer)]

1-3 규격표시 방법

불도저의 자중으로 표시한다. → ton, kg으로 표시

1-4 작업능력

시간당 작업량(m^3/h)으로 표시한다.

$$W = \frac{Q \cdot \eta \cdot f}{C_m}$$

Q : 토공판 용량
η : 작업효율
f : 토량 환산계수
C_m : 사이클 타임

$$C_m = \frac{L}{V_1} + \frac{L}{V_2} + t$$

V_1 : 가는 속도
V_2 : 오는 속도
t : 정체시간
L : 작업거리

1-5 작업량 산출 및 작업거리

1) 도저 : 100m 이내
2) 견인식 스크레이퍼 : 100~500m
3) 자주식(모터식) 스크레이퍼 : 500~1,500m
4) 덤프트럭 : 1,500m 이상

1-6 베토판 및 삽날(블레이드)

1) 규격 : 폭×높이(나비 × 높이＝$b \times h$)
2) 용량 : $Q = bh^2$

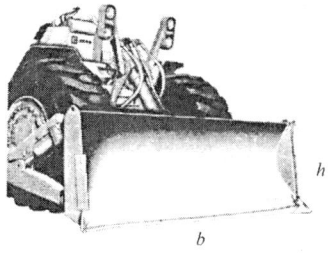

1-7 동력전달순서

엔진 → 토크 변환기 → 변속기 → 클러치 → 감속장치 → 주행(트랙)

1-8 도저의 작업방법

1) 홈통작업 : 흙손실 방지하기 위해 작업하는 선행작업
2) 지균작업 : 평탄 또는 땅고르기작업(그레이더가 적합하다)
3) 배수로 및 굴토작업

1-9 접지압 및 제어장치

1) 접지압력 $= \dfrac{\text{자업시중량}}{2 \times \text{트랙폭} \times \text{트랙길이}} = \dfrac{W}{2 \times b \times l} \, \text{kg/cm}^2$
2) 제어장치
   ① PCU장치 : Power Control Unit(동력 제어장치)
   ② CCU장치 : Cable Control Unit(케이블 제어장치)

1-10 건설기계의 주행저항

1) 공기저항(가속도 저항)
2) 회전저항
3) 구배저항
   • 건설장비는 등판능력이 무한대이므로 동력저항에는 관계가 없다.

1-11 트랙터의 주행장치 형식

1) 무한궤도(크롤러식)
2) 차륜식
3) 반차륜식, 반크롤러식
4) 레일식

1-12 와이어로프(Wire rope) 마모 요인

1) 로프의 급유가 부족할 때
2) 베어링의 급유가 부족할 때
3) 시브 베어링(활차)의 급유부족
4) 활차의 홈이나 정렬불량

제2장. 스크레이퍼

2-1   용도 및 종류

1) 용도

도저보다 작업거리가 길며 무른 토사의 지층을
얇게 깎고 일정한 두께로 흙을 깔 수도 있으며
남는 양은 불에 적재 및 운반도 할 수 있다.
일명 캐리올(Carry all)이라고도 한다.

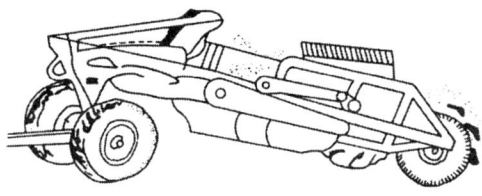

[스크레이퍼]

2) 종류

① 견인식 스크레이퍼

    작업거리가 100～500m로 푸시 도저와 트랙터로 견인하며 작업한다.

② 모터식(자주식) 스크레이퍼

    작업거리가 500～1,500m로 구동축에 의한 작업으로 효율이 좋다.

3) 규격 : 볼의 용량(m^3)

2-2   구조

1) 볼(Bowl)

굴착한 흙을 담아 옮기는 용기

2) 에이프런(Apron)

흙 손실을 막기 위한 벽을 좌우에 설치한 장치

3) 이젝터(Ejector)

볼 안에서 흙을 밀어내기 위해 전·후진하는 장치

4) 푸셔(Pusher)

스크레이퍼를 트랙터로 밀어주는 장치

5) 쉬어핀(Shear pin : 전단핀)

Scraifer(스케리파이어), 즉 Teeth와 본체가 연결된 핀으로 레버를 눕힌 체 강하게 누르거나 급커브를 돌 때 이를 보호하기 위해 부러지게 하는 퓨즈와 같은 역할을 하다.

6) 동력전달장치

토크 컨버터호 → 변속기 → 차동기어 → 감속기어

7) 동력전달순서

엔지 → 토크컨버터 → 유니버셜 조인트 → 트랜스미션 → 피니언 베벨기어 → 엑슬(샤프트) → 크래네터리 기어 → 휠

2-3 작업방법

1) 성토작업

볼에 흙을 담아 원하는 장소로 이동하는 작업으로 이동시 30~50cm 지면에서 떼어 움직인다.

2) 절토작업

볼에 흙을 적재하기 위해 삽날을 원하는 길이로 내리고 전진시키는 작업

3) 덤프

흙 뿌리기 에이프런을 열고 이젝터를 전진시켜 흙을 뿌린다.

> **[작업순서]**   땅깎기 → 운반 → 스프레딩 → 방향전환

4) 절토, 성토, 투사운반, 적재

제3장. 그레이더

3-1 그레이더의 용도

1) 용도

지균작업, 측구작업(배수로), 제설작업, 산포작업,
매몰작업 등에 사용한다.

2) 규격

블레이드 길이

① 블레이드의 규격 : 폭×높이, $b \times h$

② 블레이드의 용량 : $Q = b \times h^2 [\text{m}^3]$

[그레이더]

3-2 그레이더의 회전반경

$$R = \frac{L}{\sin a}$$

a : 꺾는 쪽 반대각
R : 회전반경
L : 측과 축 사이 거리

3-3 그레이더의 구조

1) 그레이더에는 차동기어가 없다.(직진성을 좋게 하기 위하여)

2) 오일모터 : 블레이드를 회전시키는 역할

3) 유압실린더(복동식) : 블레이드 승강력

4) 조작레버 : 조종석에서 변속기 접속역할

5) 인터록 축(샤프트) : 클리치 페달에 연결되어 플렌저를 미는 역할

6) 플렌저 : 인터록이 회전하며 시프트 축 고정역할 또는 플렌저를 밀지 않을 때는 스프링 힘으로 변속역할을 한다.

7) 스프링 : 플렌저를 복귀시키는 역할을 한다.

8) 텐덤장치 : 요철이나 불균일한 작업시 차체균형을 잡아주고 두 바퀴가 똑같은 하중을 받도록 충격을 완화하는 역할을 한다.

9) 리이닝 장치 : 앞바퀴 경사장치로서 선회시 회전반경을 줄이게 하는 역할을 한다.

10) 유압 부스터 : 클러치를 분리작용을 해주는 구성품

3-4 동력전달 순서

엔진 → 변속기 → 감속기어 → 베벨기어 → 구동기어 → 텐덤장치 → 바퀴

3-5 작업방법

1) 측구작업 : 배수로 작업에 적합

2) 제설작업 : 삽이나 제설기를 설치하여 눈을 제거하는 일

3) 산포작업 : 골재나 아스팔트 등을 깔아주는 방법

4) 경사제방작업 : 경사진 곳 절토작업

5) 매몰작업 : 삽의 각도를 조절하여 배수로, 송유관 등의 매몰 작업을 할 수 있다.

3-6 비포장도로 작업시 그레이더의 작업속도

2~6km/h

제4장. 굴착기

4-1 정의

굴착기는 주행하는 하부본체와 동력을 장착한 상부회전체 및 교체 가능한 전부장치로 구성되어 굴착 및 적재 등의 많은 작업을 할 수 있는 다목적 기계이다.

4-2 전부장치(Front attachment)

1) 백호(Back hoe)

   엑스카베이터(excavator)라고도 하며 본체의 작업위치보다 낮은 굴착에 쓰이고 공사장 지하 및 도랑파기 등에 적합하다.

2) 셔블(shovel)

   작업위치보다 높은 곳 굴착작업에 이용되는 것으로 삽의 역할을 한다.
   파워 셔블은 토량을 빠른 속도로 굴착 운반할 때 사용한다.

3) 드래그 라인(Drag line)

   지면보다 낮은 곳을 넓게 굴착하는데 사용하며 작업반경이 넓고, 수중굴착 및 긁어 파기에 이용된다.

4) 어스 드릴(Earth drill)

   무소음으로 직경이 크고 깊은 구멍을 굴착하여 도심의 소음장지면에서 건축물의 기초공사에 주로 사용한다.

5) 파일 드라이버(Pille driver)

   콘크리트나 시트에 말뚝이나 기둥을 박는 역할을 한다.

6) 크램 셀(Clam shell)

   조개장치로서 정확한 수중굴착에 사용한다.

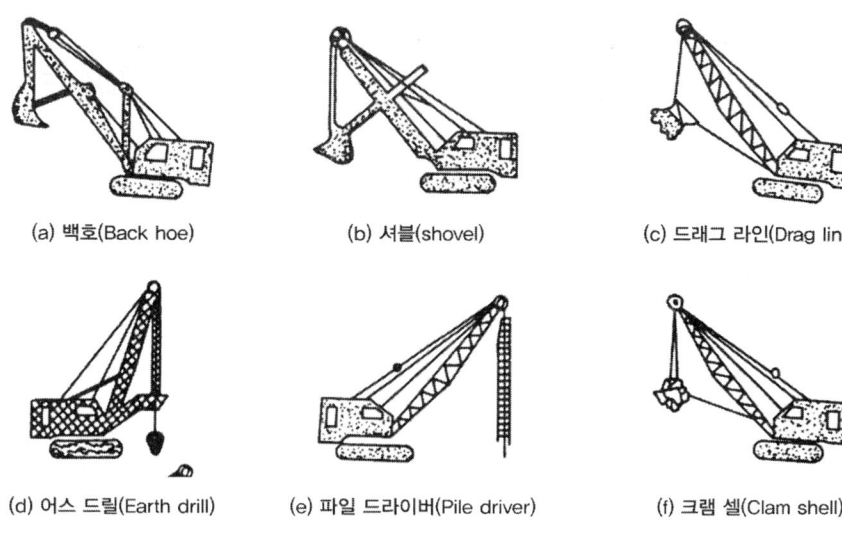

(a) 백호(Back hoe)　　　(b) 셔블(shovel)　　　(c) 드래그 라인(Drag line)

(d) 어스 드릴(Earth drill)　　(e) 파일 드라이버(Pile driver)　　(f) 크램 셀(Clam shell)

[전부장치(Front attachment)]

4-3　종류

1) **리퍼 및 루터**
   ① 단단한 지반에서 굴착이 곤란할 경우 도저 뒤에 접지시켜 차체의 중량을 이용하여 긁어 파는 것이다.
   ② 암석, 노반파쇄 및 아스팔트 파괴 작업에 사용된다.

2) **타워 굴착기**
   ① 제방에 탑을 설치하여 탑과 탑 사이의 로프에 레일을 장착하여 레일을 타고 다니며 타워를 이동작업 한다.
   ② 수중일 때 싼 공사비로 선박에 대신하여 작업한다.
   ③ 하천지소 춘하 등에서 자갈 채취 작업을 한다.

3) **트렌처(Trencher)**
   긴 곳의 배수관을 매설할 때 도랑파기나 기초굴착 또는 매립공사할 때 사용한다.

4) **유압셔블**
   ① 날 끝에 본체의 중량을 걸 수 있다.
   ② 바닥이나 도랑굴착에 편리하다.
   ③ 소형으로 정도가 좋은 굴착이 가능하며 보수가 쉽다.
   * **아웃 리거(Out rigger)** : 대형굴착기에서 스프링을 보호할 목적으로 장착해 놓은 스프링 현가장치이다.

제5장. 크레인

5-1 크레인의 구조

1) 하부본체 : 크레인의 셔블 전체를 지지하는 부분
2) 상부 회전체 : 하부 본체 위에 실려 있고 좌우 360° 선회 가능한 부분
3) 전부장치 : 상부 회전체의 앞부분에 위치하고 작업을 직접 수행하는 부분

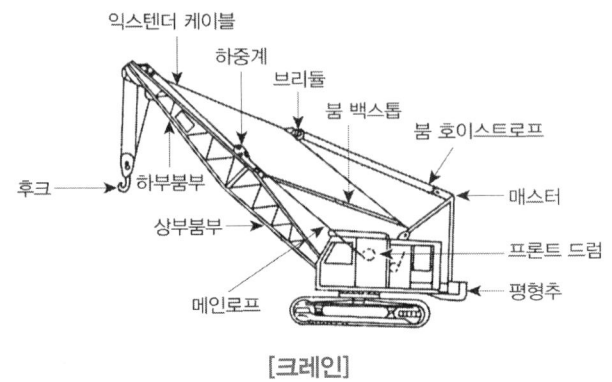

[크레인]

5-2 크레인의 일곱 가지 기본동작

1) 호이스트(Hoist) 동작 : 짐을 올리고 내리는 동작
2) 붐 호이스트(Boom hoist) 동작 : 붐을 올리고 내리는 동작
3) 스윙(Swing) 동작 : 상부 회전체를 돌리는 동작
4) 리트랙트(Retract) 동작 : 크레인 셔블 당기기 동작
5) 크라우드(Crawd) 동작 : 흙 파기동작
6) 덤프 동작 : 짐 부리기 동작
7) 트레벨(travel) 동작 : 크레인을 추진하는 동작

5-3   붐(Boom)

1) 크레인 붐 : 격자형으로 되어 있으며 전부장치는 hook, clam, drag, line, pile driver가 있다.
2) 쉬브 붐 ; 상사형으로 되어 있다.(Shovel 붐 : 삽)
3) 트렌치호 붐 : 상사형으로 트렌치호 장치에만 쓰인다.(파이프형 : 도랑파기)
4) 보조붐 : 격자형으로 붐의 길이가 짧을 때 붙여서 사용되는 것으로 크레인 붐에만 사용할 수 있다.

5-4   붐의 각도

1) 최대 78°, 최소 20°이다.
2) 크레인 붐은 30~60°, 쉬브 붐 45~65°가 작업에 용이한 각도이다.
3) 기중능력은 각도에 비례하고 길이에는 반비례한다. 즉, 길이는 짧고 각도는 크게 할 것

5-5   붐의 교환방식

1) 크레인을 이용하는 방법 : 가장 빠르고 편하며 빠른 시간에 교환
2) 트레일러 이용
3) 교목 또는 공드림 이용방법

5-6   크레인의 성능표시

1) 최대 권상하중(ton)으로 표시한다.
2) 권상, 권하 조작에 필요한 안전장치 : 낙하는 물건의 중력에 의하여 강하시키고 속도는 브레이크로 조정한다.(제한 스위치, 인터록 장치, 기계브레이크)

5-1 크레인의 종류

1) **드래그 크레인(Drag crane)**
   휠형으로 접지압이 크다. 그러므로 연약한 지반에서 작업이 곤란하고 스프링 부하장치가 견디기 어렵다. 이러한 문제점을 보안하기 위하여 4곳에 아웃트리거(outrigger)를 설치하여 차의 중량을 지지하는 역할을 한다.

2) **휠 크레인(Wheel crane)**
   ① 크롤러 크레인의 크롤러 대신 차륜을 장치한 것으로서 드랙 크래인보다 소형이며 모우빌 크레인이라고도 한다.
   ② 용도 : 공장과 같이 작업범위가 제한되어 있는 장소에 적합하다.

3) **크롤러 크레인(Crawler crane)**
   바퀴형태가 크롤러인 무한궤도식으로 습지대 및 협소한 지역에서 작업이 가능한 크레인이다.

4) **케이블 크레인(Cable crane)**
   ① 양 끝에 타워(tower)에 굵은 케이블을 쳐서 트롤리(활차)를 달아 운반물을 끌어 올리는 방식의 기계로 권상능력은 1톤에서 25톤까지이다.
   ② 용도 : 댐 공사 등에서 콘크리트나 자재 운반시 이용한다.

5) **가이데릭 크레인(Guy derrick crane)**
   건축 공사장의 철골조립 및 철거 항만하역 등에 사용하며 권상능력과 작업반경이 크므로 경제성이 좋다. 또한 취급 및 조립해체가 용이하다.

6) **트랙터 크레인**
   ① 셔블계 굴착기의 상체부에 크레인을 장착한 것이다.
   ② 고르지 못한 지형이나 연약지반에서의 작업에는 강제식을 사용, 고속주행을 요할 경우에는 휠식 크레인이 사용된다.

7) **천정주행 크레인**
   천정형 크레인에 양다리를 달고 여기에 주행차륜을 설치하여 이동하도록 한 기계이다.

8) **유압크레인**
   ① 유압으로 하역장치를 조작하는 이동크레인이다. 붐의 기울기로 유압잭에 의해 행해지며 5~10m까지 신축이 가능하다.
   ② 용도 : 토목공사, 고층건물공사. 중량물의 권상작업, 전기공사의 전주작업, 항만하역작업 등에 사용한다.

9) **타워 크레인(Tower crane)** : 고층빌딩 및 높은 곳을 작업할 때 필요로 하는 작업이다.

제6장. 롤 러 (다짐용 기계)

6-1 종류

도로 다지기, 비행장 활주로 다지기, 포장재료 다지기 등에 사용

6-2 구동

후륜구동, 전륜환향식

6-3 분류

1) 전압식 다짐기계

① 타이어 롤러(Tire roller)

타이어 공기압은 $1.5 \sim 2.5 kg/cm^2$ 범위에서 저속운전을 하며 광범위한 토질 및 흙과의 접촉계수가 커 연약한 지반에서 작업이 가능하다.

② 탬핑 롤러(Tamping roller)

중공드럼에 돌기를 심은 것으로 단동식과 복동식이 있다. 모래, 자갈 및 분쇄된 돌보다 퍼석퍼석한 것을 다지는데 사용 가장 선행작업에 적합하다.

③ 로드 롤러(Load roller)

무게가 나가는 주철제 원통으로 자체 중량의 압력으로 다짐하는 기계

㉠ 머캐덤 롤러(macadam roller)

- 2축 3륜으로 아스팔트 작업시 바퀴흔적이 있으므로 선행작업에 적합하다.
- 아스팔트 표면의 건설에 널리 사용

- 가열포장 아스팔트 재료의 기초다짐에 적합하다.
- 각포장 아스팔트 다짐에 부적합하다.

ⓒ 텐덤 롤러(Tandem roller)
- 2축 2륜, 3축 3륜으로 자중을 이용하여 끝마무리 작업에 적당하다.
- 두꺼운 흙을 다지는데 적합하나 단단한 각재를 다지는 데는 부적당하다.

(a) 타이어 롤러(Tire roller)

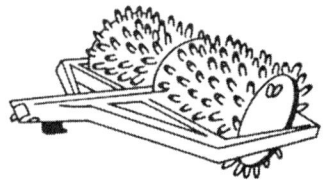

(b) 탬핑 롤러(Tamping roller)

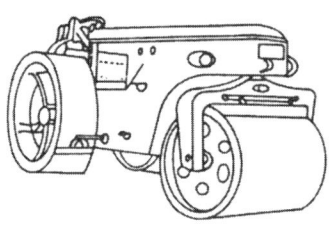

(c) 머캐덤 롤러(macadam roller)

(d) 텐덤롤러(Tandem roller)

[롤러(Roller)]

중요사항

⌘ 로드롤러(road roller)의 동력전달방식

기관 → 주클러치 → 변속기 → 전·후진기어 → 구동바퀴

---

2) 진동식 롤러(Vibrating roller)

진동체를 지상에 놓고 그 힘으로 작업하는 기계로, 도로 경사지 기초와 모서리의 건설에 사용하는 진흙, 바위, 부서진 돌알맹이 등의 다지기 또는 안정된 흙, 자갈, 흙, 시멘트와 아스팔트 콘크리트 등의 다지기에 가장 효과적이고 경제적으로 할 수 있다. 소일 콤팩트, 바이브로(Vibro) 롤러가 있다.

3) 충격식 다짐기계

중량체를 낙하시킴으로써 작업하는 기계로 램머와 탬퍼가 있다.

6-4 규격(중량 : ton으로 표시)

롤러의 규격은 물체를 올려놓는 무게와 자중을 합산한 전 자중으로 산출한다. 단, 진동 롤러는 진동수로 구분하는 경우가 있다. 예로써, 롤러 규격이 8~15톤인 경우 숫자표시는 자체중량이 8톤이고 밸러스트를 7톤까지 할 수 있다는 뜻이다.

1) 선압 : 바퀴의 단위폭당 무게
2) 다짐폭 : 1회 통과에 다져지는 최대폭

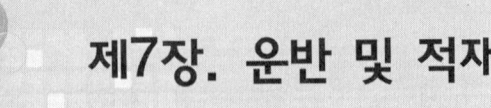

제7장. 운반 및 적재기계

7-1 지게차(Fork Lift, 포크리프트)

지게차는 포크를 이용하여 화물을 운반하거나 다른 차량에 적재 또는 하역하는 장비이다.

1) 전경각 및 후경각

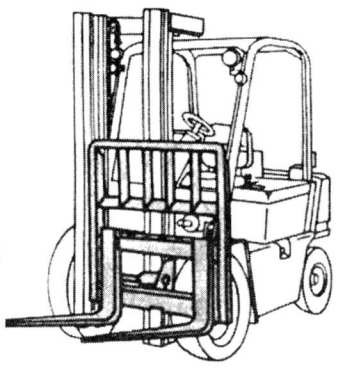

[지게차]

① 전경각

포크 앞으로 기울일 수 있는 5~6°의 경사각

② 후경각

물건을 들고 뒤로 기울일 수 있는 10~12°를 후경각이라 한다.

2) 지게차의 안전수칙

① 짐을 높이 들고 이동하지 말 것

② 전·후진을 변속할 때는 반드시 정차 후에 행한다.

③ 짐을 올리면서 전·후진하지 말 것

④ 포크를 지상에서 20~30cm 정도 들고 이동한다.

3) 종류

① 복륜식

앞바퀴가 두 개 겹쳐 있는 형식으로 안쪽바퀴에 브레이크장치가 설치되어 있고 무거운 물건을 들어 올릴 때 사용한다.

② 단륜식

앞 타이어가 한 개 있는 것으로 기동성을 요하는 곳에 사용

4) 규격 : 들어 올리는 무게(ton)

5) 동력전달장치 : 엔진 → 클러치 → 트랜스미션 → 엑슬(샤프트) → 디퍼렌셜 → 휠

7-2　덤프트럭

장거리 운반용으로 사용되는 장비이다.

1) 규격

　　최대 적재 톤수

2) 종류

　　① 리어형 덤프트럭 : 짐을 뒤로 부림

　　② 사이드 덤프트럭 : 짐을 옆으로 부림

　　③ 세 방향 덤프트럭 : 짐을 부리는 곳이 좌·우·뒤 세 방향이다.

3) 동력전달장치

　　엔진 → 클러치 변속기 → 차동장치 → 추진축 → 종감속 장치 → 차축 → 바퀴

4) 타이어는 고압타이어를 사용한다.

7-3　트레일러

트랙터 뒤에 장착하여 무거운 중량물이나 큰 물체를 운반하는데 사용한다.

7-4　컨베이어

모래, 자갈, 콘크리트 등의 수송에 주로 사용하며 설비가 쉽고 경제적이다.

1) 포터블 컨베이어

　　모래, 자갈의 운반과 채취에 적합하다.

2) 스크루 켄베이어

　　시멘트, 콘크리트 운반에 적합하다.

3) 벨트 컨베이어

　　흙이나 골재운반에 적합하다. 소요 동력은 무부하동력, 수평부하동력, 수직부하동력의 합으로 산출된다.

7-5   왜건(Wagon)

손수레와 같은 원리로 트레일러를 이용한 운반용 기계를 말한다.

7-6   로더(Loader, 적재기계)

1) 규격
로더 버킷의 용량(m^3)

2) 전경각과 후경각
① 전경각 : 45°
② 후경각 : 35°

3) 분류

① 프런트 엔드형(Front end type)
앞쪽에 장착된 버킷에 의하여 굴삭 및 적재로서 가장 일반적으로 사용하는 형식

② 오버 헤드형(Over head type)
트랙터의 앞쪽에서 재료를 버킷에 담아 운전자 머리 위로 통과시켜 트랙터 뒤쪽에 적재하는 형식, 즉 광산이나 터널 등 협소한 장소에 작합하다.

③ 사이드 덤프형(Side dump type)
버킷을 옆 방향으로 경사지게 하여 작업하는 형식으로 운반기계와 병렬로 작업 가능하므로 협소한 장소에 적합하다.

④ 스윙형(Swing type)
운전석은 고정이고 로더 앞에 부착된 버킷과 붐만이 좌우로 선회할 수 있는 적재기계

제8장. 포장기계

8-1 콘크리트 피니셔(Concrete finisher)

포장기계의 대표적인 기계로 표면을 고르고 다지며 콘크리트를 뿌리고 건조까지 시키는데 소음이나 마모가 적고 구동장치가 달려 있다.

[성능] 최대나비 또는 폭(m)

8-2 콘크리트 믹서(Concrete mixer)

1) 종류
   ① 습식믹서
      시멘트와 골재에 물을 혼합하여 수송하는 것으로 에지테이터라 한다.
   ② 건식믹서
      시멘트 및 골재를 계량하여 투입하고 주행 도중에 물을 가하여 혼합하면서 목적지에 수송하며 혼합할 때 드럼의 구동은 유압에 의한다.
2) 성능표시 : 믹서의 탱크 내에 1회 혼합할 수 있는 콘크리트의 생산량(m³)으로 표시
3) 용도 : 자갈, 모래, 시멘트를 혼합하는데 사용한다.
4) Bach Mixer : 콘크리트 재료를 1회 혼합하는 믹서
5) 적재용량 톤수 : 2.4ton/m³

개념예제

1. 믹서트럭 6m³의 적재용량 톤수는?

   Sol) 2.4×6=14.4ton

8-3 　콘크리트 배칭 플랜트(Concrete batching plant)

콘크리트 배합작업을 정확하고 신속하게 처리할 수 있도록 골재 저장통, 계량장치 및 혼합장치로 원동기를 가진 이동식이다.

1) 성능 및 구조

① 구조는 재료의 통, 혼합장치가 하나로 결합되어 콘크리트를 구성 및 전체를 배합하여 믹서로 보내는 역할을 하며 이동도 할 수 있다.

② 성능표시 : 매 시간당 콘크리트 생산(단위 : ton/h)

8-4 　콘크리트 펌프(Concrete pump)

펌프카를 이용하여 수송관을 따라 콘크리트가 목적지까지 이동하는 기계로 액압식과 기계식이 있다.

1) 특징

① 이동과 설치가 간단하며 설치 장소에 제한이 없다.

② 유압 또는 수압 병용식으로 취급이 간단하고 보수점검이 용이하여 경제적이다.

③ 기계적 섭동부분이 적기 때문에 마모교환이 적다.

④ 충격이나 진동이 적다.

2) 용도

고층건물 및 장거리 콘크리트 이송에 사용하며 특히, 터널 속에나 교량 또는 건물속에서와 같이 제한된 공간에서 콘크리트를 운반하는데 편리하다.

3) 성능표시 :

시간당 배송 능력(m^3/h)

4) 구성요소

① 피스톤형 : 유압식, 기계식

② 스퀴즈(Sueeze) : 펌핑튜브식, 펌프 케이스로 구성

8-5   콘노상 안정기(Stabilizer, 스테빌라이저)

1) 특징
① 가동성이 양호하다.
② 작업능률이 좋다.
③ 스프레더 효율이 우수하다.
④ 땅을 파는 깊이의 조정이 쉽다.

2) 용도
노상을 진행하며 깊이를 조정하여 땅을 파고 노반의 파헤침 및 분쇄를 하여 결합재 및 물 등을 첨가혼합하여 분배하고 표면 고르기 및 굳히기 작업 등을 할 수 있다.

3) 성능 표시
유체탱크의 용량(m^3)으로 표시

4) 5종 작업
파헤침, 혼합, 가열, 분배, 표면 고르기

8-6   아스팔트 피니셔(Asphalt finisher)

1) 특징
① 운전조작은 전기스위치에 의하여 간단히 이루어진다.
② 포장두께는 보통 두 개의 조정나사에 의해 이루어진다.
③ 네 대의 전자 바이브레이터에 의하여 포장이 균일하게 되며 설정조건에 따라 진동의 강도를 조정할 수 있다.

2) 용도
혼합된 골재를 활주로나 고속도록 작업장에 일정한 두께로 깔아주는 장비(스크리드)

3) 성능표시 : 최대 표준 포장폭(m)

8-7 아스팔트 믹싱 플랜트

1) 용량 : m^3/h

   콘크리트 플랜트와의 규격은 ton/h이다.

2) 골재 건조 가열장치

   ① 드라이어의 직경과 길이의 비는 1 : 4로 한다.

   ② 연료는 대부분 중유를 사용한다.

   ③ 구성은 드라이어, 버너, 핫 엘리베이터이다.

   ④ 드라이어의 경사도는 3~4°이다.

8-8 아스팔트 살포기(분배기, Distributor)

1) 원동기 tank, 가열장치, 분배장치, 연료탱크를 갖추고 아스팔트를 끓여 작업장에 뿌리는 장치
   (자주식, 탑재식, 기어펌프식, 가압식)

2) 성능표시 : 아스팔트 탱크 용량(m^3)

제9장. 준설기계

9-1 그래브(Grab) 준설선

1) 붐 끝에 그래브를 달고 작업하므로 소규모 운하 및 항로나 정박지의
   준설, 무른 토사의 기초 터파기, 흙제거 등에 사용한다.
2) 그래브가 크램셀과 같아서 준설 능력이 적고 단단한 지반에 부적당
   하며 단가가 비싸다.
3) 소규모의 항로나 정박지에 구조물 기초 터박기, 준설작업에 이용된
   다.
4) 타 준설선에 비하여 준설 깊이에 제한을 받지 않는다.
5) 규격 : 그래브 버킷의 용량(m^3)

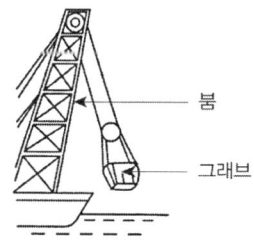

[그래브(Grab) 준설선]

9-2 디퍼 준설선

1) 용도
   ① 암(arm)과 디퍼를 달고 작업하므로 단단한 지반(토질)이나 파쇄된
      암석 등을 준설하는데 사용한다.
   ② 굴착력은 준설선 중에서 가장 높으나 작업능률이 좋지 않다.
2) 규격
   버킷의 용량(m^3)

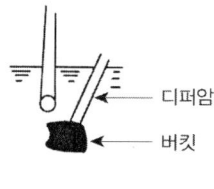
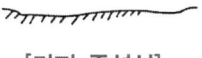

[디퍼 준설선]

9-3 버킷 준설선

1) 구조 및 기능

① 해저의 토사를 일종의 버킷 컨베이어를 사용하여 연속적으로 굴착한다.

② 세사, 점토, 사리, 연암 등 광범위한 토질에 사용한다.

③ 준설선 토사는 토운선에 의하여 운반된다.

2) 용도

버킷라인의 회전운동으로 토사를 운반하는 것으로 여러 개의 버킷으로 인한 준설능력이 크고 대용량 공사용으로 대규모의 항로나 정박지의 준설작업에 사용한다. 준설단가도 적고 토질의 영향도 적다. 단, 암석준설에 부적합하고 작업반경이 커 협소한 장소에서는 어렵다.

3) 규격 : 주엔진의 연속 정격 출력

9-4 펌프 준설선

송유관을 통해 물과 토사를 함께 흡입하며, 작업하는데 비항식과 자항식이 있다.

1) 종류

① 자항식 펌프(흡파 준설선)

펌프로 물과 함께 투기장까지 이동하는 방식

② 비자항식 펌프

흡인된 토사를 따로 설치한 토량에 받아 토운선으로 투기장까지 운반하는 방식

2) 구조 및 기능

① 펌프선은 타 준설선에 비하여 능률적이고 작업이 신속하다.

② 해저의 토사를 커터로 굴착, 해수와 혼합된 것을 펌프로 흡양하여 배송관으로 이송한다.

③ 배송관의 설치가 곤란하거나 배송거리가 장거리인 경우 저양정 펌프선을 이용하여 토사를 토사 운반선으로 운반한다.

3) 용도 : 항만 준설 또는 매립 공사에 사용한다.

4) 규격 : 구동 엔진의 정격 출력

9-5 토운선(Barge : 바지)

1) 저개식(底開式) : 깊은 곳에서 토사할 때 사용한다.

2) 측개식(側開式) : 얕은 곳에서 토사할 때 사용한다.

3) 무개식(無開式) : 육상에서 토사, 매립할 때 사용한다.

4) 토운선(barge) : 대부분 비항식(예인선 : tug boat으로 끈다)이다.

제10장. 공기압축기

10-1 압축방식에 따른 종류

1) 왕복형

[구성] 실린더, 피스톤, 크랭크축, 커넥킹로드, 공기밸브

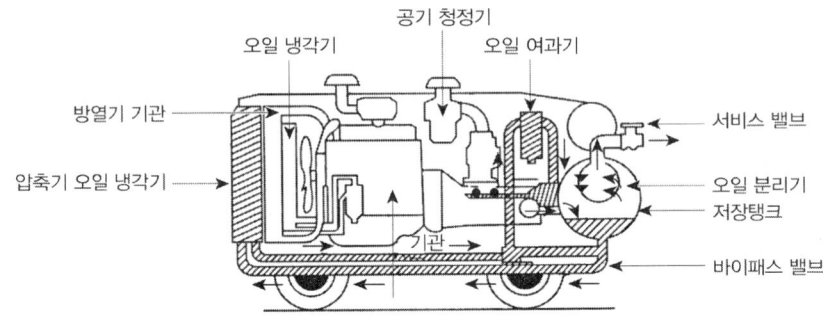

2) 로터리형(회전형)

나사형(스크류식), 베인형, 케이싱, 로터, 베인으로 구성되어 있다. 즉, 로터리형, 왕복형, 나사형(스크류형)으로 이루어져 있다.

① 회전형 : 나사형, 베인형
② 왕복형 : 밸런스형, 수직형, 수평형
  • 출력 조절이 쉽고, 내구성이 크며, 공기량이 균일하고 왕복동식에 비해 경량급이나 구조가 비교적 복잡하다.

10-2 토출량에 따른 종류

1) 원심 압축기
2) 터보형 압축기

10-3 종류

채석작업, 포장파괴, 점토굴착, 리벳절단, 벌목작업, 체인톱연마, 콘크리트 진동, 페인팅, 타이어 공기주입, 장비세척 등에 사용한다.

10-4 규격

① 매분당 공기 토출량(생산량) : m^3/min
② cfm : cubic feet minute

10-5 각 부의 기능

1) **인터 쿨러(Inter-Cooler)**
   압축공기의 열을 제거하는 기기로 동력절감에 사용한다.

2) **애프터 쿨러(After-Cooler)**
   압축공기 중에 수분을 제거할 목적으로 사용한다.

3) **레시버 탱크**
   1차 공기를 저장하는 탱크

4) **압력제어 장치(언로더 : Unloader)**
   왕복압축기에서 압력제어 장치는 엔진을 공회전시키고 공기압력이 고정점에 도달할 때 흡입 밸브를 열게 함으로써 최종목적은 압축공기를 조절하여 탱크로 보내는 역할을 한다.

제11장. 파일 드라이브(기초 공사용 건설장비)

11-1 디젤파일 해머

1) **특징**

   폭발력을 이용하므로 증기해머보다 속도가 두 배 이상으로서 구조가 간단한 반면 작업능률이 좋다.

2) **용도**

   나무, 콘크리트, 철재 파일작업등에 사용한다.

3) **규격**

   램의 중량으로 표시

4) 실린더, 피스톤, 오일탱크, 윤활장치 등으로 구성되어 있다.

11-2 진동파일 해머

1) **규격**

   모터의 출력 또는 기진력으로 표시

2) **특징**

   ① 타격하는 해머의 자중을 이용하는 타격 방법이다.

   ② 진동기의 진동수는 1분에 500회 이상이다.

3) **용도**

   인발, 샌드파일 조성 등의 지반개량에 사용한다.

11-3   드롭해머

1) 특징

  ① 와이어로프를 이용하여 램의 자중으로 한다.

  ② 타격횟수가 적고 값이 싸다.

  ③ 동일조건인 경우 원거리에서 소량시공에 있어 설비비, 운전경비를 적게 할 때 사용한다.

    • 드롭해머와 진동해머는 수중작업을 할 수 없고 낙하높이를 조절하여 타격에너지를 증가시킬 수 있다.

11-4   증기해머

1분당 50회 정도

1) 규격 : 분당 타격횟수

2) 타격하는 해머로 램의 자중을 이용하여 타격하는 방법(피스톤의 유압이용) 타격회수가 많으며 값이 비싸다.

11-5   착암기

압축공기를 이용하여 바위에 구멍을 뚫어 폭파를 도와주는 기계, 크롤러 드릴은 크롤러에 프레임 착암기를 설치하여 큰 구멍 뚫기나 긴 구멍 뚫을 때 사용한다.

11-6   천공기

1) 특징

  ① 천공경은 $\phi 30 \sim 45mm$의 것이 사용된다. 회전식 및 타격 회전식의 경우는 $\phi 60 \sim 100mm$의 것이 사용된다.

  ② 동력의 방식에 따라서 엔진식, 전동식, 압전식이 있다.

2) **용도 : 목재에 구멍 뚫는 작업에**

3) **종류** : 사용크롤러식과 굴진식으로 나뉜다.

제12장. 쇄석기

12-1 디젤파일 해머

1) 특징
① 도로공사 및 콘크리트 공사에서 골재기층 다짐에 사용
② 아스콘 생산에 사용하기 위하여 원석을 부수어서 작게 만드는 기계로서 쇄석을 만들어 공급하는 기능

2) 용도
골재 생산에 사용

(3) 종류
① 1차 쇄석기
 ㉠ 조(jaw) : 고정판과 요동판 사이에 원석을 투입하여 파쇄하는 쇄석기
  [규격] 쇄석판의 폭
 ㉡ 자이레토리(gyratory) : 콘 또는 절구통과 같이 파쇄실을 만들어 자갈을 놓고 편심된 축을 회전시킴으로써 원석을 파괴하는 것
  [규격] 투입구의 크기 × 맨틀 직경

② 2, 3차 쇄석기
 ㉠ 콘 크러셔(con crusher) : 자이레토리와 같으며 고른 크기의 쇄석을 얻을 수 있다.
  [규격] 뱃트의 직경
 ㉡ 롤 크러셔(roll crusher) : 1차 파쇄된 쇄석을 다시 작은 입도로 파쇄
  [규격] 롤이 직경 × 길이
 ㉢ 임팩트 크러셔(impact crusher) → 규격 : 시간당 쇄석능력(ton/h)

3) 분쇄기
해머, 로드 밀(규격: 드럼 직경 × 길이), 볼 밀

제1편 - 적중 예상문제

01

도저의 작업거리 중 옳은 것은?

㉮ 100m 이내
㉯ 100∼500m
㉰ 500∼1,500m
㉱ 1,500m 이상

02

도저의 규격표시로 옳은 것은?

㉮ 블레이드 길이
㉯ 베토판
㉰ 기관출력
㉱ 자중

03

불도저의 블레이드의 규격표시는?

㉮ 나비×높이
㉯ 길이×나비
㉰ 높이×길이
㉱ 두께×폭

04

다음 중 트랙터의 주행 장치 형식에 속하지 않는 것은?

㉮ 차륜식
㉯ 크롤러식
㉰ 체인식
㉱ 반크롤러식

05

댐건설, 농지개간, 도로공사와 같이 큰돌 운반이나 나무뿌리를 제거하는데 적합한 도저는?

㉮ 트리도저
㉯ 앵글도저
㉰ 기중기
㉱ 덤프트럭

해설 및 정답 ㉮㉯㉰㉱

01
- **도저** : 100m 이내
- **스크레이퍼** : 500∼1,500m
- **덤프트럭** : 1,500m 이상

답 ㉮

02

- **도저규격** : 자중(무게) kg, ton

답 ㉱

03

- **블레이드 규격** : $b \times h$
- **블레이드 용량** : $b \times h^2$

답 ㉮

04
주행장치 형식 : 크롤러식, 반크롤러식, 차륜식, 레일식

답 ㉰

05

- **트리 도저** : 나무뿌리 제거

답 ㉮

06

7.5톤의 짐을 2m/s의 속도로 견인하는 경우의 출력은 몇 Ps인가?

㉮ 100Ps   ㉯ 200Ps   ㉰ 50Ps   ㉱ 75Ps

06

$$동력 = \frac{F \cdot v}{75} = \frac{7.5 \times 1,000 \times 2}{75} = 200Ps$$

답 ㉯

07

도저의 진행방향에 대하여 블레이드를 수직으로 고정시켜 임의의 각도로 기울일 수 없게 한 것으로 흙의 직진운반 작업량이 많은 굴착작업에 주로 사용되는 도저는?

㉮ 스트레이트 도저   ㉯ 앵글도저

㉰ 틸트도저   ㉱ 패이로드 도저

07

• **스트레이트 도저** : 블레이드가 수직으로 고정되어 굴착(상하로 10° 조절)
• **앵글도저** : 블레이드가 좌우로 20~30° 조절 가능

답 ㉮

08

불도저의 작업범위를 설명한 것이다. 맞지 않는 것은?

㉮ 경사지에서 작업이 가능하다.

㉯ 삽을 변경할 수 있다.

㉰ 절토, 성토 작업에 좋다.

㉱ 삽을 전후로 10°씩 경사할 수 있다.

08

도저의 삽날은 변경 불가능하다.

답 ㉯

09

크롤러형 트랙터와 비교하는 경우 휠 타입 트랙터의 단점에 관한 설명으로 틀린 것은?

㉮ 이동성이 느리다.

㉯ 견인력이 작다.

㉰ 접지압력이 크다.

㉱ 활지, 사지, 습지 통과가 좋지 않다.

09

크롤러형 : 견인력이 크고 늪지대에서 작업가능하고 접지압이 적다.

답 ㉮

10

타이어 불도저의 설명으로 옳지 않은 것은?

㉮ 크롤러 불도저보다 지압력이 크다.

㉯ 단단하고 평탄한 땅에서 작업이 불가능하다.

㉰ 습지, 사지에서 작업이 불가능하다.

㉱ 거치른 땅에서 작업이 불가능하다.

10

타이어형 : 포장도로 작업가능, 접지압이 크고 늪지대 작업이 불가능하다.

답 ㉯

11

흙 운반거리 40m, 전진속도 2.4km/h, 후진속도 60km/h 변속에 요하는 시간 12초, 1회 압토량 2.3m³, 토량 변화율 1.15, 작업효율 80%인 불도저의 1시간당 작업량은 약 몇 m³인가?

㉮ 70m³ ㉯ 90m³ ㉰ 103m³ ㉱ 30m³

12

불도저의 종류가 아닌 것은?

㉮ 틸트도저 ㉯ 진동도저
㉰ 앵글도저 ㉱ 레이크 도저

13

불도저의 시간당 작업량은 무엇에 반비례하는가?

㉮ 1회 토공량 ㉯ 1순환 소요시간(C_m)
㉰ 토량 변화율 ㉱ 작업효율

14

불도저의 견인력이 7,500kg이고 이때의 작업속도가 3.6km/h라고 하면 견인마력은 몇 Ps인가?

㉮ 100Ps ㉯ 85Ps ㉰ 90Ps ㉱ 70Ps

15

불도저의 용도를 나타낸 것으로 올바른 것은?

㉮ 앵글도저 : 개간 정지작업
㉯ 트리도저 : 언땅, 굳은 땅, 옆도랑 굴착
㉰ 틸트도저 : 산허리 깎기
㉱ 힌지도저 : 토사운반, 흙 및 제설작업

16

블레이드 폭 2m, 높이 0.8m인 불도저의 블레이드 용량은?

㉮ 0.98 ㉯ 1.28 ㉰ 2.0 ㉱ 2.58

11
사이클 타임 :
$$C_m = \frac{40}{2.4 \times 10^3} + \frac{40}{60 \times 10^3} + \frac{12}{3,600}$$
$$\therefore \text{작업량 } W = \frac{2.3 \times 1.15 \times 0.8}{C_m} = 103\text{m}^3$$
답 ㉰

12
진동도저라는 것은 없고 진동롤러는 있다.
답 ㉯

13
작업량 $= \dfrac{\eta \cdot f \cdot Q}{C_m}$, 사이클 타임에 반비례한다.
답 ㉯

14
동력 $= \dfrac{F \cdot v}{75} = \dfrac{7,500 \times 3,600}{75 \times 3,600} = 100\text{Ps}$
답 ㉮

15
• **앵글도저** : 산허리 깎기, 제설작업
• **트리도저** : 나무뿌리뽑기
• **틸트도저** : V자 배수로 작업
답 ㉱

16
블레이드 용량 $= b \times h^2 = 2 \times 0.8^2 = 1.28\text{m}^3$
답 ㉯

17

크롤러식 불도저의 접지압은?

㉮ 0.1kg/cm^2 ㉯ 1.5kg/cm^2
㉰ 1kg/cm^2 ㉱ 0.5kg/cm^2

18

무한궤도식 주행 장비의 견인력은 무엇으로 표시하는가?

㉮ Tire Pull ㉯ Weight Pull
㉰ Drawer Pull ㉱ Rim Pull

19

불도저가 홈통작업을 하는 목적은?

㉮ 흙을 빨리 적재하기 위하여
㉯ 흙의 손실을 적게 하기 위하여
㉰ 흙을 빨리 다지기 위하여
㉱ 흙을 빨리 긁어모으기 위하여

20

루터의 설명으로 알맞은 것은?

㉮ 딱딱한 지반파기에 사용된다.
㉯ 연한 지반에 많이 사용된다.
㉰ 고속으로 주행 사용된다.
㉱ 자주식이다.

21

타이어식 불도저의 접지압은?

㉮ 1kg/cm^2 ㉯ 2.5kg/cm^2 ㉰ 3.5kg/cm^2 ㉱ 4.5kg/cm^2

22

중기의 구조 및 성능 기준상 불도저의 등판능력은?

㉮ 10° ㉯ 20° ㉰ 30° ㉱ 40°

17
• 크롤러식 불도저의 접지압 : 0.5kg/cm^2
• 타이어식 불도저의 접지압 : 2.5kg/cm^2
답 ㉱

18
• 견인력＝중량을 끄는 힘
답 ㉰

19
도저에서 홈통작업을 흙손실을 방지하기 위해 작업하는 선행 작업이다.
답 ㉯

20
리퍼와 루터 : 단단한 지반이나 포장도로 파쇄작업시 사용
답 ㉮

21
답 ㉯

22
불도저의 등판시 30° 이내로 제한하고 있다.
답 ㉰

23

스크레이퍼에 관한 설명 중 틀린 것은?

㉮ 모터 스크레이퍼의 적정운반거리는 100~300m이다.

㉯ 스크레이퍼는 굴삭작업도 할 수 있다.

㉰ 스크레이퍼의 규격은 볼(Bowl)의 용량으로 표시한다.

㉱ 스크레이퍼의 시간당 작업능력은 토량 환산계수에 비례한다.

24

스크레이퍼 작업에서 고려할 필요가 없는 것은?

㉮ 압토거리, 붐   ㉯ 적재속도, 운반속도

㉰ 회행속도, 운반거리   ㉱ 기어변환 시간, 볼의 용량

25

스크레이퍼에 의한 흙깔기 작업을 할 때 더 많은 토량을 이동할 목적을 스크레이퍼 후부를 미는 공법이 있는데 이때 사용되는 전용 건설기계는 무엇인가?

㉮ 탠덤 롤러(Tandom roller)   ㉯ V형 도저(V-type dozer)

㉰ 푸시 도저(push dozer)   ㉱ 머캐덤 롤러(Macadam roller)

26

스크레이퍼의 구조에서 볼(bowl)의 뒷면에 있으며 안에 있는 흙을 밀어내기도 하며 흙을 적재하도록 넓은 공간을 만들어 주는 일을 하는 것은? (단, 피견인식에서)

㉮ 케이블(Cable)   ㉯ 블레이드(Blade)

㉰ 에이프런(Apron)   ㉱ 이젝터(Ejector)

27

건설용 디젤기관의 용어설명에 대하여 다음 설명 중에서 옳은 것은?

㉮ 기관의 속도는 rpm으로 표시되고 크랭크축이 매분 회전수를 표시한다.

㉯ 미터법에 의한 마력은 75kg·m/s를 1Ps로 하고 이것을 kW라는 기호로 표시한다.

㉰ 기관의 속도는 단위시간 내의 분사캠프의 회전수로 표시한다.

㉱ 연료소비율은 기관을 1시간 운전하였을 때 소비한 연료의 양을 g수로 표시한다.

해설 및 정답

23

스크레이퍼의 적정운반거리

- **견인식** : 100~500m
- **자주식** : 500~1,500m

답 ㉮

24

붐 : 크레인에 해당한다.

답 ㉮

25

푸시 도저 : 견인식 스크레이퍼나 트랙터 후부를 미는 것

답 ㉰

26

- **에이프런** : 흙 손실 방지(치마)
- **이젝터** : 흙을 밀어주는 유압장치

답 ㉱

27

연료소비율은 gr/Ps·h

답 ㉮

28

중량 20톤의 도저가 30%의 구배진 등로를 올라갈 때 필요한 구동력은 몇 ton인가? (단, 노면저항계수 50kg/ton, 1%당 구배저항계수 20kg/ton)

⑦ 1ton   ⑭ 1.6ton   ⑭ 2.4ton   ⑭ 3.6ton

29

스크레이퍼 사용상 고려할 기본적 요소가 아닌 것은?

⑦ 토질
⑭ 운전방법
⑭ 공사구역의 면적
⑭ 운반거리

30

스크레이퍼의 작업순서가 바르게 배열된 것은?

⑦ 운반 – 스프레딩 – 땅깎기 – 방향전환
⑭ 땅깎기 – 운반 – 스프레딩 – 방향전환
⑭ 운반 – 땅깎기 – 스프레딩 – 방향전환
⑭ 땅깎기 – 스프레딩 – 방향전환 – 운반

31

스크레이퍼의 용도가 아닌 것은?

⑦ 토사 다듬어 끝맺기   ⑭ 토사, 성토, 적재
⑭ 토사, 절토   ⑭ 토사운반

32

다음 건설기계의 규격표시로 옳은 것은?

⑦ 스크레이퍼 : 볼의 평적용량(m^3)
⑭ 모터그레이더 : 표준 버킷의 평적용량(m^3)
⑭ 기중기 : 케이블의 인장강도(kgf/mm^2)
⑭ 덤프트럭 : 삽날의 길이(m)

28

$20 \times 50 + 1 \times 30 \times 20 = 1600kg = 1.6ton$이다.

답 ⑭

29

답 ⑭

30

답 ⑭

31

스크레이퍼 작업 방법 : 성토, 절도, 토사운반, 적재

답 ⑦

32

• **블레이더** : 블레이드 길이
• **기중기** : 권상하중
• **덤프트럭** : 적재 톤수

답 ⑦

33

스크레이퍼와 그레이더의 설명 중 틀린 것은?

㉮ 그레이더는 스크레이퍼와 달리 운전석이 보통 뒤에 있다.

㉯ 모두 땅고르기를 할 수 있으나 그레이더는 세밀한 고르기에 사용한다.

㉰ 스크레이퍼와 그레이더 모두 토사를 담아 운반하는 상자가 있다.

㉱ 스크레이퍼는 칼날, 그레이더는 갈퀴가 있어 모두 굴삭작업을 할 수 있다.

33

그레이더에는 토사운반 상자가 없다.

답 ㉰

34

다음에서 스크레이퍼 부품명칭이 아닌 것은 어느 것인가?

㉮ 볼   ㉯ 부터   ㉰ 에이프런   ㉱ 이젝터

34

스크레이퍼 구성부품 : 티스(teeth), 볼, 에이프런, 이젝터

답 ㉯

35

운반거리 500~1,500m의 범위에서 많은 토량을 빠른 속도로 굴착, 운반, 평탄지 공사를 하는데 적합한 중기는?

㉮ 로더   ㉯ 불도저
㉰ 굴착기   ㉱ 모터 스크레이퍼

35

답 ㉱

36

스크레이퍼에 대한 설명으로서 틀린 것은?

㉮ 평탄한 지형에 적합하다.

㉯ 땅 고르기 작업에 적합하다.

㉰ 무단토사나 토괴의 작업에 알맞다.

㉱ 케리올(Carry all)이라고도 한다.

36

그레이더 : 땅 고르는 지균작업에 사용

답 ㉯

37

스크레이퍼를 견인하는 휠식 트랙터의 장점이 아닌 것은?

㉮ 이동성이 우수하다.

㉯ 견인력이 크롤러식보다 크다.

㉰ 주행속도가 빠르다

㉱ 도로를 훼손하지 않는다.

37

휠과 크롤러식의 차이점 : 크롤러식이 견인력이 크다.

답 ㉯

38

볼, 에이프런, 이젝터의 3요소로 구성된 견인식 스크레이퍼로 적재시에는 어떠한가?

㉮ 에이프런을 올리고, 이젝터를 높게, 볼을 높게
㉯ 에이프런을 높게, 이젝터 후진, 볼을 낮게
㉰ 볼을 낮게, 에이프런을 낮게, 이젝터를 전진
㉱ 볼을 올리고, 에이프런을 낮게, 이젝터를 전진

38

답 ㉯

39

모터 스크레이퍼의 규격을 나타내는 것은?

㉮ 자중 ㉯ 굴착기 ㉰ 전장 ㉱ 볼의 용량

39

• **그레이더 규격** : 블레이드 길이
• **스크레이퍼 규격** : 볼의 용량

답 ㉱

40

모터 스크레이퍼와 유사하나 자력으로 흙깔기를 할 수 없고 싣기 기계로부터 적재한 토사를 운반하는 기계는?

㉮ 스크레이퍼 ㉯ 웨건
㉰ 덤프트럭 ㉱ 셔블

40

손수레와 같이 트랙터에 부착하여 작업하는 운반기계

답 ㉯

41

스크레이퍼의 동력전달 순서는?

㉮ 엔진－토크컨버터－유니버설 조인트－트랜스미션－피니언 베벨기어－엑슬(샤프트)－플레네터리 기어－휠
㉯ 엔진－클러치－트랜스미션－유니버설 조인트－피니언 베벨기어－엑슬(샤프트)－플레네터리 기어－휠
㉰ 엔진－토크컨버터－트랜스미션－피니언 베벨기어－유니버설 조인트－엑슬(샤프트)－휠
㉱ 토크컨버터－유니버설 조인트－트랜스미션－피니언 베벨기어－래네터리 기어－엑슬(샤크프)－휠

41

답 ㉮

42

스크레이퍼의 축간 거리가 2m, 왼쪽바퀴 각이 30°, 오른쪽 각이 45°일 때 스크레이퍼 좌회전시 회전반경은?

㉮ $2\sqrt{2}$m ㉯ 4m ㉰ $\dfrac{2}{\sqrt{2}}$m ㉱ 1m

42

a : 꺾는 쪽 바깥각
$$R = \frac{L}{\sin a} = \frac{2}{\sin 45°} = 2\sqrt{2}$$

답 ㉮

43

정지(整地) 작업에 가장 알맞은 장비는 어느 것인가?

㉮ 모터 그레이더
㉯ 페이 로더
㉰ 롤러
㉱ 도저

44

모터 그레이더의 구조에 관한 설명으로 옳은 것은?

㉮ 클러치 브레이크는 플라이 휠 내치와 항시 치합되어 엔진회전시 같이 회전한다.
㉯ 플라이휠은 릴리스 레버를 밀어주는 일을 한다.
㉰ 클러치 유압부스터는 클러치 분리작용을 해주는 구성품이다.
㉱ 릴리스 베어링은 원판식 마찰식으로 뇌어 있으며 클러치 페달을 밟으면 작동한다.

45

지균작업, 제설작업, 파이프 매설작업 개방작업 등에 효과적인 장비는?

㉮ 모터 그레이더
㉯ 굴삭기
㉰ 항타 및 항발
㉱ 노상안정기

46

모터 그레이더의 주행동력 전달순서는?

㉮ 주클러치 → 파워컨트롤 → 변속기 → 구동장치
㉯ 주클러치 → 변속기 → 텐덤장치 → 구동장치 → 후륜
㉰ 주클러치 → 구동장치 → 변속기 → 텐덤장치 → 후륜
㉱ 주클러 치→ 변속기 → 구동장치 → 텐덤장치 → 후륜

47

그레이더가 가장 효과적으로 할 수 있는 작업은?

㉮ 산포작업
㉯ 송토작업
㉰ 확토작업
㉱ 절도작업

해설 및 정답

43
로더는 적재기계, 롤러는 다짐기계
답 ㉮

44
• **플라이 휠** : 릴리스 베어링은 빌어준다.
• **클러치 블레이크** : 원판 마찰식으로 회전하는 것 방지
• **유압부스터** : 클러치 분리작용
답 ㉰

45
답 ㉮

46
그레이더에는 차동기어가 없다.
답 ㉱

47
그레이더의 용도 : 지균(정지), 배수로(측구작업), 제설, 산포, 매몰
답 ㉮

해설 및 정답 ㉮㉯㉰㉱

48

모터 그레이더의 작업용도가 아닌 것은?

㉮ 파쇄작업　　　　　㉯ 배수로 작업

㉰ 파이프 매몰작업　　㉱ 산포작업

48
그레이더의 용도 : 지균(정지), 배수로(측구작업),
제설, 산포, 매몰
답 ㉮

49

모터 그레이더에서 라이닝(Leening) 장치란?

㉮ 앞바퀴를 좌우로 경사 시키는 장치이다.
㉯ 큰 견인력을 얻기 위해 저압타이어를 사용하는 장치이다.
㉰ 블레이드를 올리고 내리는 장치이다.
㉱ 스케리파이어를 작동시키는 장치이다.

49
라이닝 장치 : 회전반경을 줄이기 위한 앞바퀴 경사장치
답 ㉮

50

유압식 모터 그레이더의 작업 장치에 대한 설명 중 맞지 않는 것은?

㉮ 블레이드 서클을 회전시키려면 오일모터가 사용된다.
㉯ 조작레버는 유압펌프의 회전을 단속하기 위한 레버이다.
㉰ 블레이드의 높이를 일정하게 유지한 채로 블레이드의 가로이송을 운전석에서 할 수 있다.
㉱ 블레이드 승강용에는 좌우 두 개의 유압실린더가 장비되어 있다.

50
조작 레버 : 삽날을 조정하는 레버
답 ㉯

51

비포장도로 보수작업시 그레이더의 작업속도 범위는 몇 km/h 정도인가?

㉮ 1km/h 이내　　　㉯ 2～6km/h
㉰ 7～10km/h　　　㉱ 10～15km/h

51
답 ㉯

52

모터 그레이더의 주행동력 전달 장치에 해당되지 않는 것은?

㉮ 클러치　　　　㉯ 변속기
㉰ 차동장치　　　㉱ 텐덤 드라이브 장치

52
그레이더는 차동기어가 없다.
답 ㉰

53

모터 그레이더 정지작업에서의 시공능력 단위는?

㉮ m^2/hr ㉯ m^3 ㉰ ton/hr ㉱ m^3/hr

54

모터 그레이더의 주행 동력 전달순서는?

㉮ 주클러치 → 변속기 → 텐덤장치 → 구동장치 → 후륜
㉯ 주클러치 → 변속기 → 구동장치 → 텐덤장치 → 후륜
㉰ 주클러치 → 구동장치 → 변속기 → 텐덤장치 → 후륜
㉱ 주클러치 → 파워컨트롤 → 변속기 → 구동장치 → 후륜

55

토사도로의 보수, 정지, 포장공사의 정지(整地), 표토(表土), 긁어내기 구굴(構掘), 제설 등을 하기에 가장 적합한 기계는 어느 것인가?

㉮ 불도저 ㉯ 모터 그레이더
㉰ 스크레이퍼 ㉱ 덤프트럭

56

모터 그레이더의 규격표시 방법으로 가장 적합한 것은?

㉮ 블레이드(Blade)의 길이로 나타낸다.
㉯ 스케리파이어(Scarifier)의 발톱(Teeyh) 수로 나타낸다.
㉰ 엔진정격 회전수(rpm)로 나타낸다.
㉱ 전륜간 거리로 나타낸다.

57

모터 그레이더의 회전반경을 작게 하기 위해서 앞바퀴를 좌우로 기울이게 하는 장치는?

㉮ 라이닝 장치 ㉯ 아티큘레이트 장치
㉰ 스케리파이어 ㉱ 파워 컨트롤 장치

해설 및 정답

53
블레이드의 용량 : $B \times h^2$

답 ㉯

54

답 ㉯

55
그레이더 : 표토정지작업, 지균작업, 파이프 매설작업

답 ㉯

56
그레이더의 규격은 Blade의 길이로 나타내고 블레이드의 규격은 $b \times h$ 이다. 용량은 $b \times h^2$

답 ㉮

57
라이닝 장치 : 앞바퀴 경사장치

답 ㉮

58

다음 중 모터 그레이더에만 있는 최종감속 장치는?

㉮ 스케리파이어 ㉯ 텐덤 드라이브

㉰ 리이닝 ㉱ 메인클러치

58
충격을 완화해 주고 차체균형을 유지해 주는 장치로서 그레이더에만 장착되어 있다.
답 ㉯

59

모터 그레이드의 주요부품이 아닌 것은?

㉮ 유압장치 ㉯ 스케리파이어장치

㉰ 블레이드 장치 ㉱ 버킷장치

59
답 ㉱

60

모터 그레이더에 차동기구가 없는 가장 큰 이유로 생각되는 것은?

㉮ 휠 베이스가 길기 때문에

㉯ 작업상 직진성을 좋게 하기 위해서

㉰ 텐덤 드라이브 기구가 있기 때문에

㉱ 특별한 기능적인 필요성이 없기 때문에

60
그레이더에는 직진성을 좋게 하기 위해 텐덤장치가 있다.
답 ㉯

61

그레이더의 끝마무리 작업에서 블레이드의 절삭 각도는 몇 도 정도가 알맞은가?

㉮ 30° ㉯ 45° ㉰ 60° ㉱ 90°

61
답 ㉱

62

콘크리트 믹서트럭 6.0m³의 적재용량 톤 수가 알맞은 것은?

㉮ 12.5톤 ㉯ 14.4톤 ㉰ 18톤 ㉱ 20톤

62
콘크리트 믹서는 m³당 2.4톤
∴ 2.4×6=14.4톤
답 ㉯

63

공사에 사용되는 동력 셔블의 용량을 선정하기 위하여 고려해야할 것 중 관계가 없는 것은?

㉮ 시공지반의 지지력 ㉯ 운전자의 기능정도

㉰ 절취면의 높이 ㉱ 부착운반기계의 용량

63
셔블 용량 선정해야 하는 사항에 유의 바람
답 ㉯

64

타워 굴착기에 관한 설명이다. 다음 중 틀린 것은?

㉮ 제방 위에 레일을 설치하고 타워를 이동시켜 작업한다.
㉯ 하천공사에는 사용할 수 없다.
㉰ 타워와 앵커사이를 버킷이 이동하면서 작업한다.
㉱ 급류하천의 저수로 굴착에 사용한다.

65

루터(rooter), 리퍼(ripper)가 할 수 없는 작업은?

㉮ 늪지대 파헤치기 ㉯ 나무뿌리 파헤치기
㉰ 굳은 땅 파헤치기 ㉱ 콘크리트 포장 파헤치기

66

다음 중 유압식 셔블의 장점이 아닌 것은?

㉮ 대형인 것이 많다.
㉯ 정도가 좋은 굴착이 가능하다.
㉰ 날 끝에 본체의 중량을 걸 수 있다.
㉱ 바닥 파기와 도랑굴착에 적합하다.

67

그래브 버킷(grab-bucket)굴착기에 속하는 것은?

㉮ 모터 스트레이퍼 ㉯ 타워 엑스카제이터
㉰ 모터 그레이더 ㉱ 크램 셀

68

지면보다 아래의 낮은 곳을 굴착하는데 부적당한 장비는 어느 것인가?

㉮ 셔블 ㉯ 백호
㉰ 드래그라인 ㉱ 크램셀

64
타워굴착기 : 주탑과 부탑에 레일을 달고 타워를 이동하여 하천이나 제방공사에 사용
답 ㉯

65
루터, 리퍼가 할 수 있는 작업은 단단한 땅, 굳은 땅 파는 것이다.
답 ㉮

66
유압식과 로프식 중에 대형은 로프식이고 소형경량이 유압식이다.
답 ㉮

67
준설선에서 사용하는 그래브는 크램셀과 같은 원리이다.
답 ㉱

68
셔블은 작업위치보다 높은 곳을 굴착하는데 적당하다.
답 ㉮

69

다음 설명 중 틀린 것은?

㉮ 셔블은 절토고가 낮고 토질이 부드러운 곳에 굴착, 싣기에 효과적이다.

㉯ 타이어식 기중기는 이동이 많은 작업에 효과적이다.

㉰ 드래그 라인을 부착한 크래인은 지면 밑에 있는 흩어진 작업물 굴착에 효과적이다.

㉱ 그램셀 작업은 수중에서 깊게 파는 곳에 효과적이다.

69

답 ㉮

70

정확한 굴착을 하는데 부적당한 것은?

㉮ 크램셀　　　　㉯ 백호

㉰ 드래그라인　　㉱ 셔블

70

드래그라인 : 로프에 버킷을 매달고 당김으로써 긁어 파는 것

답 ㉰

71

셔블계 굴착기계에 속하지 않는 것은?

㉮ 스크레이퍼, 모터그레이더　㉯ 셔블, 드래그 라인

㉰ 백호, 크램셀　　　　　　㉱ 백호, 드래그 라인

71

전부장치 : 셔블, 백호, 드래그 라인, 크램셀

답 ㉮

72

셔블계 굴착기는 전부장치(front attachment)를 교환하지만 분리하여 사용되지 않는 것은?

㉮ 포크(fork)　　　　㉯ 크레인(crane)

㉰ 백호(back hoe)　　㉱ 드래그 라인(drag line)

72

크레인은 전부장치가 아니라 붐을 해체, 분리하거나 물체의 하역작업에 쓰인다.

답 ㉯

73

굴착기의 구요 구성품을 정확히 열거한 것은?

㉮ 작업장치 – 하부추진체 – 중간선회체

㉯ 작업장치 – 하부추진체 – 상부선회체

㉰ 상부회전체 – 하부추진체 – 중간선회체

㉱ 상부장치 – 하부장치 – 작업장치

73

굴착기 주요 구성품 : 하부본체, 상부회전체, 전부장치(작업장치)

답 ②

74

트랙터 셔블의 1시간당 적재 작업량(m³/h)은 다음 중 어느 것인가? (단, 버킷 평적용량 1.0m³, 버킷계수 1.0, 사이클 타임 45초, 토량변화율 1.25, 작업효율 0.75)

㉮ 40m³/h ㉯ 75m³/h ㉰ 90m³/h ㉱ 125m³/h

75

유압셔블의 특징으로 틀린 것은?

㉮ 보수가 쉽다. ㉯ 프런트 교환이 쉽다.
㉰ 구조가 복잡하다. ㉱ 운전조작이 용이하다.

76

트렌처(trencher)의 설명 중 틀린 것은?

㉮ 배수로나 파이프라인의 부설공사에 사용된다.
㉯ 크레인용으로 사용된다.
㉰ 수많은 버킷이 엔드리스로 접속되어 있다.
㉱ 규격(성능)표시 방법은 홈의 나비와 깊이로 표시한다.

77

시가지의 큰 건물이나 구조물 등의 기초공사 작업에 많이 사용되는 장비로 작업할 때 소음과 진동이 작고 큰 지름의 깊은 구멍을 뚫는데 적합한 굴착기계는?

㉮ 파일 드라이버 ㉯ 어스 드릴(earth drill)
㉰ 크레인 ㉱ 드레그 라인

78

기계 로프식 셔블과 비교한 유압셔블의 특징이 아닌 것은?

㉮ 구조가 간단하다.
㉯ 보수 및 운전조작이 쉽다.
㉰ 프런트의 교환과 주행이 쉽다.
㉱ 넓은 곳에서의 작업이 쉽다.

해설 및 정답 ㉮㉯㉰㉱

74
$$C_m = \frac{45}{3,600}$$
작업량
$$W = \frac{1.0 \times 1 \times 1.25 \times 0.75 \times 3,600}{45} = 75m^3/h$$
 답 ㉯

75
 답 ㉰

76
긴 곳의 배수관을 매설할 때 도랑파기나 기초 굴착 또는 매립공사할 때 사용한다.
답 ㉯

77
답 ㉯

78
로프식 셔블 : 구조가 크고 작업범위가 매우 크다.
 답 ㉱

79

작업속도가 균일하고 운전원의 기능도, 작업량의 변화 등 안정성이 가장 좋은 장비는?

㉮ 그레이더　　　　　㉯ 불도저
㉰ 롤러　　　　　　　㉱ 벨트 컨베이어

79

답 ㉱

80

셔블 굴착기에 대한 설명으로서 맞는 것은?

㉮ 등판능력은 보통 %로 표시하며 30% 전후의 능력을 갖는다.
㉯ 셔블 전장비 중량이란 프런트 어태치먼트를 하였을 때의 차체의 전중량을 말하며 연료·유지 냉각수 및 운전원은 포함하지 않는다.
㉰ 셔블 굴착기의 규격은 한 사람당의 작업능률을 갖는다.
㉱ 전장비 중량을 전접지 면적으로 뺀 것을 접지압이라고 하지만 0.6m³급에서 0.3kg/cm² 이하인 것이 많다.

80

답 ㉮

81

셔블계 굴착기계의 주행장치 형식으로 틀린 것은?

㉮ 휠형　　　　　　　㉯ 이동형
㉰ 트랙형　　　　　　㉱ 크롤러형

81
㉮ 무한궤도식(크롤러식)
㉯ 차륜식
㉰ 반차륜식, 반크롤러식
㉱ 레일식

답 ㉯

82

토목공사를 위해 토량을 빠른 속도로 굴착, 운반 등을 50m 범위에서 공사하는데 필요한 건설기계는 어느 것인가?

㉮ 모터　　　　　　　㉯ 파워 셔블
㉰ 어스드릴　　　　　㉱ 백호

82

답 ㉮

83

기중기 작업에 있어서 수직으로 깊게 파는 전부장치는?

㉮ 크램셀 장치　　　　㉯ 치호장치
㉰ 드래그라인 장치　　㉱ 셔블장치

83

답 ㉮

84

기중기 붐에 설치하여 작업할 수 없는 전부장치는?

㉮ 블레이드(blade) 전부장치   ㉯ 후크 전부장치
㉰ 크램셸 전부장치   ㉱ 파일해머 전부장치

85

기중기의 권상, 권하 조작에 필요한 안전장치와 직접 관계가 없는 것은?

㉮ 인터록 장치   ㉯ 제한 스위치
㉰ 자석 브레이크   ㉱ 기계 브레이크

86

기중기에 대한 용도로서 알맞지 않은 것은?

㉮ 크러셔는 쇄석용이다
㉯ 공기 압축기는 착암용이다.
㉰ 케이블 크레인은 기중기용이다.
㉱ 믹싱 플랜트는 콘크리트 혼합용이다.

87

기중기의 규격표시는?

㉮ 기중능력   ㉯ 중기의 중량
㉰ 최대적재량   ㉱ 자중

88

오토미터란?

㉮ 스크레이퍼의 작업거리 표시계
㉯ 도저의 작업량 표시계
㉰ 룰러의 작업량 표시계
㉱ 모터 그레이더의 작업거리 표시계

84
블레이드는 그레이더에 있다.
답 ㉮

85
• 권상, 권하 조작에 필요한 장치 : 제한 스위치, 기계 브레이크
• 동력전달장치 : 클러치
• 안전을 위해 관련 장치 간에 전기 또는 기계적 연락을 취하는 장치 : 인터록 장치
답 ㉮

86
공기압축기는 압축공기를 생산한다.
답 ㉯

87

답 ㉮

88
오토미터란 작업거리 표시제이다.
답 ㉱

89

건설기계의 용도 설명으로 틀린 것은?

㉮ 로더는 주로 토사의 운반 및 다짐용 기계이다.

㉯ 셔블이나 크램셀은 싣기 작업에 쓰이는 기계이다.

㉰ 트렌처는 기초굴착 및 도랑파기 등에 사용한다.

㉱ 루터나 리퍼는 발파나 다른 기곌 굴착이 곤란한 암석지반 또는 아스팔트 포장노반의 파쇄에 주로 사용한다.

89

로더는 적재기계이다.

답 ㉮

90

다음 중에서 옳은 것은 어느 것인가?

㉮ 고정형 지브 기중기는 주행차륜이 달려 있다.

㉯ 천정 기중기는 주행차륜이 달려 있다.

㉰ 고정형 수평 견인식기중기는 주행차륜이 달려 있다.

㉱ 선반기중기는 주행차륜이 달려 있다.

90

천정형 크레인에 양다리를 달고 여기에 주행차륜을 설치하여 이동하도록 한 기계이다.

답 ㉯

91

기중기의 안전수칙으로 옳지 않은 것은?

㉮ 작업 중 크레인 운전반경(작업 반경) 내에 접근하지 않는다.

㉯ 조종사의 주의력을 혼란케 하는 일을 금한다.

㉰ 작업 중인 조종사에게 연락사항은 반드시 소리신호를 한다.

㉱ 운전 전에 각 작동부분은 수분동안 공회전 시킨다.

91

답 ㉰

92

크레인에서 기본 작업에 관한 각각의 설명으로 옳지 않은 것은?

㉮ 가기(Travel) : 하부 추진체의 전진 및 후진 그리고 환향운동을 말한다.

㉯ 돌리기(Swing) : 삽장치에서 사비 상부회전체에서 당겨지는 운동을 말한다.

㉰ 짐올리기(Hoist) : 화물 및 버킷으로 상승 혹은 하강 운동하는 것을 말한다.

㉱ 붐올리기(Boom hoist) : 붐을 상승 혹은 하강시키는 운동을 말한다.

92

답 ㉯

93

기중기 작업에서 기중할 물체의 무게가 무거울수록 붐의 길이와 각도는 어떻게 해야 하는가?

㉮ 길이는 짧게, 각도는 올린다.
㉯ 길이는 짧게, 각도는 내린다.
㉰ 길이는 길게, 각도는 내린다.
㉱ 길이는 길게, 각도는 내린다.

94

트럭 크레인의 아우트리거(Outrigger)의 주된 용도로 볼 수 있는 것은?

㉮ 주행용 엔진의 보호징치이다.
㉯ 와이어 로프의 보호장치이다.
㉰ 붐과 후크의 절단 또는 굴곡을 방지하는 장치이다.
㉱ 타이어와 스프링을 보호하기 위한 장치이다.

95

파일 박기작업을 하는데 적합한 장비는?

㉮ 도저   ㉯ 기중기   ㉰ 그레이더   ㉱ 페이 로더

96

다지기 기계의 기계적 특성 중에서 정적압력에 의하여 작업하는 기계가 아닌 것은?

㉮ 진동롤러   ㉯ 로드롤러
㉰ 타이어 롤러   ㉱ 탬핑롤러

97

롤러의 다짐폭이란?

㉮ 1회 통과에서 다지는 최소 두께
㉯ 1회 통과에서 다지는 최대 폭
㉰ 2회 통과에서 다지는 최소 두께
㉱ 2회 통과에서 다지는 최대 폭

해설 및 정답

93
기중능력 : 각도 크게, 길이 짧게
답 ㉮

94
아우트리거는 스프링 현가 장치이다.
답 ㉱

95
항타작업은 기중기가 할 수 있다.
답 ㉯

96
전압식 : 로드 롤러, 타이어, 머캐덤, 탬핑
답 ㉮

97
• 다짐폭 : 1회 다지는 폭
• 선압 : 단위폭당 무게
답 ㉯

98

로드 롤러의 장·단점에 대한 설명으로서 틀린 것은?

㉮ 아스팔트 혼합물의 롤링에 쓰인다.

㉯ 차륜의 점착계수가 크기 때문에 연약지 작업에 효과적이다.

㉰ 토질에 따라 표면에 단단한 껍질이 생기므로 유효 롤링깊이가 얕아진다.

㉱ 타이어 롤러나 탬핑롤러로 롤링한 후의 표면 다듬질에 쓰인다.

98

답 ㉱

99

다음 기계 중 포장기계가 아닌 것은?

㉮ 아스팔트 피니셔   ㉯ 아스팔트 플랜트

㉰ 롤러   ㉱ 로더

99
로더 : 적재기계

답 ㉱

100

다짐기계 중 충격에 의하여 다지는 기계는 어느 것인가?

㉮ 램머   ㉯ 탬핑 롤러

㉰ 진동 롤러   ㉱ 타이어 롤러

100
충격식 다짐기계 : 램머와 템퍼

답 ㉮

101

앞쪽에 두 조각으로 된 한 개의 조향륜이 있고 뒤쪽에 커다란 한 쌍의 구동륜이 있는 2축 3륜식의 롤러는?

㉮ 텐덤 롤러   ㉯ 머캐덤 롤러

㉰ 트래시퍼 롤러   ㉱ 도미니 롤러

101

답 ㉯

102

자주식 로더롤러(road roller)를 축의 배열과 바퀴의 배열로 구분할 때 머캐덤(Macadam) 롤러에 해당되는 것은?

㉮ 2축 3륜   ㉯ 1축 1륜

㉰ 2축 2륜   ㉱ 3축 3륜

102
• 텐덤 : 2축 2륜, 3축 3륜
• 머캐덤 롤러 : 2축 3륜

답 ㉮

103

머캐덤, 텐덤 롤러에서 선압이란?

㉮ 접지중량을 롤러 한 개의 무게로 나눈 값
㉯ 바퀴 접지중량을 바퀴폭으로 나눈 값
㉰ 바퀴 접지중량을 롤러 전 중량으로 나눈 값
㉱ 바퀴폭을 접지중량으로 나눈 값

104

아스팔트 포장의 끝마무리 작업에 사용되는 장비는?

㉮ 텐덤 롤러 ㉯ 템퍼
㉰ 진동 롤러 ㉱ 탬핑 롤러

105

다짐용 기계의 용도가 잘못된 것은?

㉮ 텐덤롤러는 아스팔트 포장면의 끝손질에 주로 사용된다.
㉯ 불도저 및 트랙터도 다짐작업을 하며 주로 전압식 다짐기계에 속한다.
㉰ 전동식 다짐기계는 모래, 자갈, 부순돌 등을 포함한 사력질을 다짐에 주로 사용된다.
㉱ 시프트 롤러는 주로 트랙터에 견인되어 점토를 다짐한다.

106

다음 건설기계의 작업에서 성토흙의 다짐용 기계에 해당하는 것은?

㉮ 롤러 ㉯ 그레이더
㉰ 제설기 ㉱ 앵글 도저

107

진동롤러의 규격 표시는?

㉮ 원심력 ㉯ 선압
㉰ 전장비 중량 ㉱ 진동수

해설 및 정답

103
선압이란 단위폭당 무게
답 ㉯

104
• **선행작업** : 탬핑 롤러, 머캐덤 롤러
• **끝마무리** : 텐덤 롤러
답 ㉮

105
답 ㉱

106
답 ㉮

107
진동 롤러의 규격은 진동수로도 나타내는 경우도 있으나 전장비의 중량이다.
답 ㉰

108

타이어 롤러의 규격을 나타내는 8~15톤이라는 수치를 바르게 설명한 것은?

㉮ 자중이 8톤이고 밸러스트를 15톤까지 적재할 수 있다.

㉯ 자중이 8톤이고 밸러스트를 7톤까지 적재할 수 있다.

㉰ 자중이 16톤이고 밸러스트를 8톤까지 적재할 수 있다.

㉱ 밸러스트를 8~15톤 적재할 수 있다.

108
자중 : 8ton
부기무게 : 7ton

답 ㉯

109

타이어 롤러에서 타이어가 상하로 요동하는 목적은?

㉮ 타이어 한 개당 하중을 되도록 균등하게 하기 위해서

㉯ 부정지에서 구동력을 증가하기 위해서

㉰ 승차감을 좋게 하기 위해서

㉱ 롤링면을 되도록 평탄하게 하기 위해서

109
타이어 롤러식은 타이어마다 상하로 왕복운동을 할 수가 있으며, 공기압력에 의하여 요철부분에 골고루 압력을 주어서 타이어마다 거의 같은 압력으로 땅을 누르기 때문이다.

답 ㉮

110

다짐기계를 가압방법에 따라 분류한 것은?

㉮ 굽힘식, 전압식, 충격식　　㉯ 전압식, 진동식, 충격식

㉰ 전압식, 고속식, 저속식　　㉱ 전압식, 저속식, 진동식

110

답 ㉯

111

로드롤러의 동력 전달순서로 옳은 것은?

㉮ 엔진 – 클러치 – 변속기 – 전후진기 – 차동장치 – 증감속장치 – 후륜

㉯ 엔진 – 클러치 – 변속기 – 차동장치 – 전후진기 – 증감속장치 – 후륜

㉰ 엔진 – 클러치 – 변속기 – 전후진기 – 증감속장치 – 후륜

㉱ 엔진 – 클러치 – 변속기 – 차동장치 – 증감속장치 – 후륜

111

답 ㉮

112

정적자중에 의하여 다짐작업을 하는 중기가 아닌 것은?

㉮ 머캐덤 롤러　　㉯ 진동롤러

㉰ 탠덤롤러　　㉱ 타이어 롤러

112

답 ㉯

113

갱도나 터널에서 작업하기에 알맞은 적재기계는?

㉮ 백호

㉯ 트윈 로더

㉰ 스키드 롤러

㉱ 로커 셔블

114

트랙터 셔블 중 좁은 장소에서 차량의 선회가 곤란한 경우 전방굴삭 후방상찰 할 수 있는 방식은?

㉮ 오버 헤드식

㉯ 사이드 엔드식

㉰ 프런트 엔드식

㉱ 사이드 덤프식

115

지게차의 안전수칙에 관한 설명으로 옳지 않은 것은?

㉮ 후진시는 반드시 뒤를 살핀다.

㉯ 제동장치를 점검한 후에 차를 출발시킨다.

㉰ 짐을 가능한 높이 들어 이동한다.

㉱ 짐을 올리면서 전·후진하지 않는다.

116

터널공사 광산 및 탄광의 갱, 굴착 작업에 가장 적합한 기계는?

㉮ 측면 덤프 로더

㉯ 프런트 엔드 로더

㉰ 오버 헤드 로더

㉱ 스윙 로더

117

공기 컨베이어의 장점이라고 할 수 없는 것은?

㉮ 한 개의 장치로서 동시에 여러 곳에 운반할 수 있다.

㉯ 설치면적을 작게 할 수 있다.

㉰ 운반 중에 양이 감소되지 않으며 위생적이다.

㉱ 운반에 대한 기계효율이 높다

113

갱전용 적재기계 : 로커 셔블

답 ㉱

114

오버 헤드식 : 전방굴삭 후방상차하고 협소한 장소 터널이나 갱에서 작업

답 ㉮

115

화물은 되도록 높이를 낮추어 운반하는 것이 안전하다.

답 ㉰

116

버킷을 앞에서 머리 위로 통과시켜 뒤쪽에서 적재하는 형식으로 터널공사 광산이나 탄광 등 협소한 장소에 적합하다.

답 ㉰

117

답 ㉮

118

로더의 규격표시는 어떻게 하는가?

㉮ 블레이드 길이   ㉯ 자중
㉰ 버킷의 용적   ㉳ 들어 올리는 무게

119

적재기계의 시간당 작업량을 증대하는 방법이 아닌 것은?

㉮ 로더의 버킷용량이 큰 것을 사용한다.
㉯ 작업현장이 평탄하고 넓어야 한다.
㉰ 가능한 운반거리가 짧은 V형으로 작업한다.
㉳ 가능한 무한 궤도식 로더를 사용한다.

120

다음 건설기계 중 적재능력이 없는 기계는?

㉮ 모터 그레이더   ㉯ 로더
㉰ 포크 리프트   ㉳ 유압 쇼벨

121

지게차 마스트의 경사각에 대하여 후경각은 몇도 범위가 가장 좋은가?

㉮ 10~12°   ㉯ 8~10°   ㉰ 6~8°   ㉳ 5~6°

122

로더의 버킷의 전경사각의 측정위치는?

㉮ 버킷을 최고로 올린 상태에서 최대한 앞으로 기울인 상태
㉯ 버킷을 최고로 올린 상태에서 최대한 뒤로 기울인 상태
㉰ 버킷을 지면에서 최대한 앞으로 기울인 상태
㉳ 버킷을 지면에서 최대한 뒤로 기울인 상태

123

덤프트럭이 적재위치에서 출발하여 되돌아오는 시간이 40분, 싣기기계가 트럭 1대에 싣는 시간이 5분 걸린다면 몇 대의 트럭을 조합 배치하여야 하는가?

㉮ 7대   ㉯ 8대   ㉰ 9대   ㉳ 10대

해설 및 정답

118
적재기 : 버킷의 용량
답 ㉰

119
답 ㉯

120
답 ㉮

121
• 전경각 : 5~6°
• 후경각 : 10~12°
답 ㉮

122
답 ㉮

123
40+5=45분, 5분 사이는 $\frac{45}{5}=9$대
답 ㉰

124

다음 중기 중 용도가 잘못된 것은?

㉮ 파워셔블은 굴착과 적재에 사용된다.

㉯ 스크레이퍼는 땅표면 깎기 및 중거리 운반용에 사용된다.

㉰ 크레이더는 지균작업에 사용된다.

㉱ 불도저는 적재, 운반 및 굴토작업에 사용된다.

124

답 ㉱

125

짐칸을 양 옆 및 뒤쪽으로 열어, 짐을 부릴 수 있는 트럭은?

㉮ 사이드 덤프트럭　　　㉯ 3방향 덤프트럭

㉰ 리어 덤프트럭　　　　㉱ 보텀 덤프트럭

125

답 ㉯

126

다음 중 운반기계에 해당되지 않는 것은?

㉮ 호이스팅 머신　　　　㉯ 아스팔트 분배기

㉰ 트랙터　　　　　　　㉱ 트랙터 드로우 왜건

126

아스팔트 분배기는 포장용 기계

답 ㉯

127

운반기계 운전 중 동력 계산식 $P = P_1 + P_2 \pm P_3$은 어느 것에 쓰이는가?

㉮ 크레인　　　　　　　㉯ 트랙터

㉰ 호이스트　　　　　　㉱ 벨트컨베이어

127

답 ㉱

128

1,500m³의 흙을 용량 3m³의 덤프트럭으로 2km의 거리를 5일 내에 모두 운반하려면 몇 대의 트럭이 필요한가?(단, 1일 작업시간은 8시간, 싣고 부리기 시간은 40분, 평균 속도 30km/h로 한다.)

㉮ 6대　　　㉯ 10대　　　㉰ 12대　　　㉱ 14대

128

Cycle Time :

$$C_m = \frac{L}{V_1} + \frac{L}{V_2} + t = \frac{2}{30} + \frac{2}{30} + \frac{40}{60} = 0.8 \text{hr}$$

$\therefore$ 5일$\times 8 = 40$hr

$\therefore \frac{40}{0.8} = 50$번, $50 \times 3\text{m}^3 = 150\text{m}^3$

그러므로 $\frac{1,500}{150} = 10$대

답 ㉯

129

덤프트럭 중 베슬을 후방 60° 경사로 짐을 뒤쪽으로 하역할 수 있는 데 많이 쓰이는 기계는?

㉮ 사이드형　　　　　㉯ 리어형
㉰ 프런트형　　　　　㉱ 오버 헤드형

129
리어형 : 뒤로 60° 기울여 짐을 하역한다.
답 ㉯

130

덤프트럭의 타이어는 무슨 식인가?

㉮ 저압타이어　　　　㉯ 고압타이어
㉰ 통타이어　　　　　㉱ 튜브리스 타이어

130
덤프트럭은 고압 타이어를 사용한다.
답 ㉯

131

지게차의 능률적인 이동거리는 몇 m 이내인가?

㉮ 100m　　㉯ 200m　　㉰ 300m　　㉱ 400m

131
대개 100m 이내가 가장 능률적이다.
답 ㉮

132

지게차의 동력 전달순서는?

㉮ 엔진 - 토크 컨버터 - 트랜스미션 - 디퍼렌셜 - 엑슬(샤프트) - 휠
㉯ 엔진 - 클러치 - 트랜스미션 - 엑슬(샤프트) - 디퍼렌셜 - 휠
㉰ 엔지 - 토크 컨버터 - 트랜스미션 - 엑슬(샤프트) - 디퍼렌셜 - 휠
㉱ 엔진 - 트랜스미션 - 클러치 - 엑슬(샤프트) - 휠

132
답 ㉯

133

덤프트럭이 커브를 돌 때 소음이 나는 원인은?

㉮ 구동 피니언의 프리로드가 크다.
㉯ 사이드 베어링의 축 방향의 유격이 크다.
㉰ 차동기 피니언의 트러스트 와셔가 너무 얇다.
㉱ 구동 피니언의 축 방향의 유격이 크다.

133
답 ㉱

134

건설기계의 용도에 대한 설명으로 틀린 것은?

㉮ 셔블이나 크램셸은 싣기 작업에 사용한다.
㉯ 로더는 주로 토사의 운반 및 땅고르기에 사용한다.
㉰ 루터나 리퍼는 발파 등 다른 기계로 굴착이 곤란한 암석지반 또는 아스팔트 포장 노반의 파쇄에 주로 사용한다.
㉱ 트렌처는 도랑파기, 기초 굴착 등에 사용한다.

134
로더는 싣기 적재기계이다.
답 ㉮

135

작업속도가 균일하고 운전원의 기능도, 작업량의 변화 등 가장 안전성이 있는 것은?

- ㉮ 로더 롤러
- ㉯ 그레이더
- ㉰ 벨트 컨베이어
- ㉱ 불도저

136

지게차의 스티어링(조향장치)은 무슨 식인가?

- ㉮ 전륜 환향식
- ㉯ 후륜 환향식
- ㉰ 허리깎기 환향식
- ㉱ 공기 환향식

137

덤프트럭의 동력전달계와 관계가 없는 것은?

- ㉮ 클러치
- ㉯ 카뷰레터
- ㉰ 트랜스미션
- ㉱ 차동치차장치

138

아스팔트 플랜트의 중요부분에서 골재건조 가열장치 설명이 아닌 것은?

- ㉮ 드라이어 직경과 길이의 비는 약 1:4이다.
- ㉯ 드라이어의 경사도는 대개 20~30°이다.
- ㉰ 연료는 중유를 사용하는 것이 대부분이다.
- ㉱ 드라이어, 버너, 핫엘리베이터로 구성된다.

139

아스팔트 장비가 아닌 것은?

- ㉮ 쇄석장비
- ㉯ 디스트리 뷰우터
- ㉰ 아스팔트 플랜트
- ㉱ 피니셔

140

아스팔트 혼합재를 노반 위에 소정의 포장 폭으로 균일하게 깔고 규정의 두께로 포장하는 작업기계는?

- ㉮ 아스팔트 피니셔
- ㉯ 아스팔트 믹싱 플랜트
- ㉰ 아스팔트 분배기
- ㉱ 지게차

135
벨트 컨베이어는 운반거리에 관계없이 운반능력이 일정하며, 계속 사용시는 경제적이다.
답 ㉰

136
지게차는 전륜구동 후륜환향식이다.
답 ㉮

137
카브레터 : 냉각장치
답 ㉯

138
드라이어의 경사도는 3~4°이다.
답 ㉯

139
쇄석장비 : 조, 자이레토리, 크러셔, 밀
답 ㉮

140
스크리이드, 피니셔 : 피니셔로 깔고 스크리이드로 다듬질한다.
답 ㉮

141

다음 기계 중 포장기계가 아닌 것은?

㉮ 롤러
㉯ 아스팔트 플랜트
㉰ 로더
㉱ 아스팔트 피니셔

141

답 ㉯

142

아스팔트 피니셔에서 아스팔트 혼합재를 균일한 두께로 다듬질하는 기구는 다음 중 어느 것인가?

㉮ 스크리이드　㉯ 호퍼　㉰ 피터　㉱ 범퍼

142

답 ㉮

143

아스팔트 피니셔의 규격표시 방법은?

㉮ 아스팔트 혼합체를 부설할 수 있는 도로의 폭
㉯ 아스팔트 혼합체를 부설할 수 있는 타이어의 접지폭
㉰ 아스팔트를 부설할 수 있는 아스팔트의 무게로 표시
㉱ 아스팔트 혼합체를 부설할 수 있는 표준 포장폭

143

아스팔트 혼합체(아스콘)를 부설할 수 있는 표준 포장폭(m)으로 표시한다.

답 ㉱

144

아스팔트 플랜트에서 드라이어 핫엘리베이터, 골재진동, 선별장치 등에서 배출되는 연소가스와 먼지를 흡수하여 제거하기 위한 장치는?

㉮ 집진장치
㉯ 석분 공급장치
㉰ 계량장치
㉱ 골재 선별장치

144

골재가열장치에서 나오는 먼지 흡수 및 제거하는 것은 집진장치이다.

답 ㉮

145

단일 통과 쏘일 스타빌라이지는 도로나 비행장 흙땜 공사에서 단 한 번에 끝낼 수 있는 작업 수는?

㉮ 5종 작업　㉯ 6종 작업　㉰ 7종 작업　㉱ 8종 작업

145

답 ㉮

146

콘크리트 재료의 계량, 배합, 혼합 등 1인 제어방식을 취하고 품질관리의 기록카드가 자동으로 기록되는 기계는 어떤 것이 있는가?

㉮ 배칭 플랜트(batching plant)
㉯ 콘크리트 피니셔
㉰ 콘크리트 믹서
㉱ 트랜싯 믹서(transit mixer)

146

답 ㉮

147

도로 포장공사뿐 아니라 공항이나 항만, 건설공사 등에 사용하는 아스팔트 혼합재를 만드는 기계는 무엇이라고 하는가?

㉮ 아스팔트 피니셔　　　㉯ 아스팔트 믹싱 플랜트

㉰ 아스팔트 히이터　　　㉱ 아스팔트 디스트리뷰티

148

아스팔트 피니셔의 작업속도가 3m/min, 공사의 폭이 2.8m, 완성두께가 6cm, 작업효율이 65%이면 한 시간당 포설량은 몇 m³/hr인가?

㉮ 0.32　　　㉯ 42.54　　　㉰ 32.76　　　㉱ 19.66

149

다음 건설장비 중 포장장비가 아닌 것은?

㉮ 아스팔트 피니셔　　　㉯ 드래그라인

㉰ 아스팔트 스프레이어　㉱ 디스트리뷰티

150

다음 중 도로 포장용 기계에 해당되지 않는 것은?

㉮ 아스팔트 플랜트　　　㉯ 호이스팅 머신

㉰ 콘크리트 스프레이어　㉱ 다짐용 기계

151

아스팔트 플랜트의 시공능력 단위는?

㉮ m²/h　　　㉯ ton/h　　　㉰ m³　　　㉱ m³/h

152

콘크리트 피니셔의 규격표시로 맞는 것은?

㉮ 시간당 생산량　　　㉯ 노반재 표준 부설폭

㉰ 탱크용량　　　㉱ 시공할 수 있는 표준폭

147

 답 ㉯

148

$W = 0.65 \times 60 \times 2.8 \times 0.06 \times 3 = 19.656\,\mathrm{m^3/h}$

 답 ㉱

149

드래그라인은 전부장치이다.

답 ㉯

150

 답 ㉯

151

• 아스팔트 플랜트 : m³/h
• 콘크리트 플랜트 : ton/h

답 ㉱

152

답 ㉯

153

콘크리트 펌프의 구성요소 중 서로 관련이 없는 것은?

㉮ 피스톤형 : 유압식   ㉯ 피스톤형 : 기계식

㉰ 스퀴즈형 : 다이어프램식   ㉱ 스퀴즈형 : 펌핑튜브식

153

답 ㉰

154

믹서트럭이 4m³의 적재용량 톤수는 얼마정도 되겠는가?

㉮ 9.6톤   ㉯ 12톤   ㉰ 11.4톤   ㉱ 15톤

154

적재 톤수는 m³당 2.4톤이므로 2.4×4=9.6톤

답 ㉮

155

준설선에 관한 설명으로 틀린 것은?

㉮ 펌프 준설선은 대부분 자항식이다.

㉯ 버킷 준설선은 얕은 물 밑바닥의 흙을 다량으로 퍼 올리는데 사용한다.

㉰ 그래브 준설선은 깊고 좁은 곳의 소규모 준설에 주로 이용한다.

㉱ 토운선을 끄는 것은 예인선이다.

155

펌프 준설선은 대부분 비항식(非航式)이지만 자항식도 있다.

답 ㉮

156

다음 중 준설선의 종류에 속하지 않는 것은?

㉮ 버킷식   ㉯ 펌프식   ㉰ 디퍼식   ㉱ 자항식

156

준설선의 종류 : 그래브, 디퍼, 버킷, 펌프

답 ㉱

157

건설기계에 대한 설명으로 옳은 것은?

㉮ 모터 그레이더는 콘크리트 공사용 재료의 운반에만 사용된다.

㉯ 토목공사에서 사용되는 펌프는 주로 원심펌프이다.

㉰ 벨트 컨베이어는 콘크리트 공사용 재료의 운반에만 사용된다.

㉱ 수중의 암석 굴착에는 아직 쇄암선을 이용하는 방법밖에 없다.

157

일반적인 펌프는 유압펌프이다.

답 ㉯

158

펌프 준설선 작업시 스윙각도는 얼마인가?

㉮ 40～50°   ㉯ 10～20°   ㉰ 50～60°   ㉱ 30～40°

158

답 ㉯

159

준설펌프의 공칭 송토거리에 있어서 세사의 시간당 압토량을 무엇이라 하는가?

㉮ 공칭준설능력   ㉯ 신준설능력

㉰ 계획표준함수   ㉱ 공칭 준설심도

160

다음 준설선의 규격 중 잘못된 것은?

㉮ 그레이브식 : 주 엔진의 연속출력

㉯ 디퍼식 : 버킷용량

㉰ 펌프식 : 구동용 엔진의 정격출력

㉱ 버킷식 : 주 엔진의 연속출력

161

다음 중 비교적 굴착력이 강력하여 견고한 지반이나 깨어진 암석 등의 준설에 사용되는 장비는?

㉮ 드랙선선   ㉯ 펌프 준설선

㉰ 디퍼 준설선   ㉱ 그랩 준설선

162

다음 건설기계에 대한 그 범위의 설명으로 틀린 것은?

㉮ 지게차 : 타이어식으로 들어 올림 장치를 가진 것

㉯ 준설선 : 펌프식, 버킷식, 디퍼식 또는 그래브식으로 자항식인 것

㉰ 모터 그레이더 : 정지장치를 가진 자주식인 것

㉱ 쇄석기 : 20킬로와트 이상의 원동기를 가진 이동식인 것

163

흡파 준설선이라고도 하며 준설선 자체의 토상을 가지고 펌프로 흡입된 토사와 물을 토장에 받아 보내는 장소까지 자항하여 보내고 다시 제자리로 돌아와 작업을 하는 것은?

㉮ 비항펌프 준설선   ㉯ 그랩 준설선

㉰ 버킷 준설선   ㉱ 자항펌프 준설선

159

공칭 시간당 압토량 : 평균 모래채취 능력

답 ㉮

160

• **그레이브식** : 버킷 용량(m^3)
• **디퍼** : 버킷과 펌프출력

답 ㉮

161

① 암(arm)과 디퍼를 달고 작업하므로 단단한 지반(토질)이나 파쇄된 암석 등을 준설 하는데 사용한다.
② 굴착력은 준설선 중에서 가장 높으나 작업 능률이 좋지 않다.

답 ㉰

162

답 ㉯

163

답 ㉱

164

소규모 준설선으로 방파제 밑파기, 준설 깊이에 제한 받지 않는 준설
선은?

- ㉮ 펌프 준설선
- ㉯ 그래브 준설선
- ㉰ 토운 준설선
- ㉱ 버킷 준설선

164
그래브 준설선 : 소규모 준설선으로 무른 토사를
소량으로 작업하며 준설길이에 제한 받지 않는다.
답 ㉯

165

공기 압축기에 관한 설명으로 틀린 것은?

- ㉮ 공기 압축기는 체적형과 터보형으로 분류할 수 있다.
- ㉯ 공기 압축기는 착암기, 바이브레이터 등의 동력으로 쓰이는 압축
  공사를 만드는 기계이다.
- ㉰ 왕복식 공기 압축기는 실린더, 피스톤, 크랭크 축, 커넥팅 로드, 흡
  입밸브, 배출밸브 등으로 구성되어 있다.
- ㉱ 건설공사에는 주로 터보형 압축기가 쓰인다.

165
건설공사에는 주로 체적형 공기압축기가 사용된다.
답 ㉱

166

공기압축기의 구성품 중 애프터 쿨러의 역할은?

- ㉮ 공기통로 라인에 수분을 제거하고 공기압축기가 부식되는 것을
  방지한다.
- ㉯ 저압실린더와 고압실린더 사이에 설치되어 저압 실린더에서 발생
  한 열을 냉각 고압실린더로 보낸다.
- ㉰ 고압실린더에서 발생된 열을 들여보낸다.
- ㉱ 공기압축기에서 생산된 공기를 저장 상태로 보관한다.

166
• **인터 쿨러** : 공기통로 라인에 열을 제거
• **애프터 쿨러** : 공기통로 라인에 수분제거
답 ㉮

167

공기압축기의 언로더(Unloader)란?

- ㉮ 공기의 압력을 낮게 하는 장치이다.
- ㉯ 공기의 압력을 높게 하는 장치이다.
- ㉰ 압축된 공기의 열을 냉각시켜 고압실린더로 보내는 장치이다.
- ㉱ 공기의 양을 조절하여 탱크로 보내는 역할을 한다.

167
언로더 : 공기압이 규정압에 도달하면 용기의 양
을 조절하여 탱크로 보낸다.
답 ㉱

168

공기 압축기의 종류가 아닌 것은?

㉮ 스크루형 ㉯ 로터 회전형
㉰ 교차형 ㉱ 왕복피스톤형

169

로터의 공기 압축기의 장점이 아닌 것은?

㉮ 출력조절이 쉽고, 내구성이 크다.
㉯ 왕복동작에 비하여 경량급이다.
㉰ 공기량이 비교적 균일하다.
㉱ 구조가 비교적 간단하다.

170

건설공사용 공기 압축기 규격 표시방법은?

㉮ 실공기량(m^3/min) ㉯ 모터출력(kW)
㉰ 토출압력(kg/cm^3) ㉱ m^3/sec

171

우리나라는 공기 압축기의 규격을 무엇으로 표시하는가?

㉮ m^3/min ㉯ cm^3/min ㉰ cm^3/sec ㉱ m^3/sec

172

공기압축기가 하는 일 중 공기 소모량이 많은 작업은?

㉮ 쇄석작업 ㉯ 페인팅
㉰ 타이어 공기주입 ㉱ 물푸기

173

로터리 공기압축기의 장점으로 틀린 것은?

㉮ 구조가 간단하다.
㉯ 내구서이 크며 출력조절이 용이하다.
㉰ 공기량이 균일하다.
㉱ 왕복동식에 비해 경량이고 운전조작이 쉽다.

해설 및 정답

168
종류로는 왕복형, 로터리형, 스크루형(나사형)이 있다.
답 ㉰

169
답 ㉮

170
공기압축기의 규격은 분당공기 생산량이다.
답 ㉱

171
공기압축기의 규격은 분당공기 생산량이다.
답 ㉮

172
공기 압축기는 물을 푸는데 공기 소모량이 많다.
답 ㉱

173
출력조절이 쉽고 내구성이 크며 왕복식에 비해 구조가 복잡하다.
답 ㉮

174

공기압축기의 부품이 아닌 것은?

㉮ 피스톤　　㉯ 실린더　　㉰ 노즐　　㉱ 밸브

174

공기압축기 부품 : 실린더, 피스톤, 크랭크축, 커넥킹로드, 공기밸브

답 ㉰

175

증기해머의 장점 중 틀린 것은?

㉮ 구조가 복잡하다.　　㉯ 유지비가 많이 든다.

㉰ 정비 및 보수가 어렵다.　　㉱ 수중작업을 할 수 있다.

175

증기해머는 피스톤의 유압을 이용하고 타격횟수가 많으며 값이 비싸고 구조가 복잡하며 보수가 어렵다.

답 ㉱

176

다음 중 기초공사용 기계용 것은?

㉮ 디젤 파일해머　　㉯ 롤러

㉰ 덤프트럭　　㉱ 불도저

176

파일 드라이버 외에 파일해머, 공기해머, 디젤해머 등이 있다.

답 ㉮

177

착암기의 용도 설명 중 잘못된 것은 어느 것인가?

㉮ 암반 위의 기초, 터널굴착, 원석채취, 수중바위 제거 등이다.

㉯ 항만 하역용으로 안벽에서 하역용으로 쓰인다.

㉰ 압축공기식 동력을 많이 활용한다.

㉱ 기계운동방식으로 드릴의 충격에 의해 착암한다.

177

답 ㉯

178

다음 중 디젤파일 해머의 타격횟수의 기준은 어느 것인가?

㉮ 해머의 1시간당 타격횟수를 기준으로 한다.

㉯ 해머의 1분당 타격횟수를 기준으로 한다.

㉰ 해머의 1일간의 타격횟수를 기준으로 한다.

㉱ 해머의 10시간당 타격횟수를 기준으로 한다.

178

답 ㉯

179

다음 중기 중 용도가 잘못된 것은?

㉮ 크레인 : 적재, 운반, 항만 하역

㉯ 롤러 : 땅고르기

㉰ 천공기 : 우물파기, 통기공, 발파공

㉱ 덤프트럭 : 중장비 운반용

179

• **덤프트럭 :** 물건을 장거리 적재운반시
• **트레일러 :** 중장비 운반용

답 ㉱

180

진공 항타기의 진동기 진동수로 적당한 것은?

⑦ 분당 500회 정도
⑭ 분당 400회 정도
⑮ 분당 300회 정도
⑯ 분당 200회 정도

181

파일 즉, 말뚝박기 작업에 적합한 장비는?

⑦ 도저
⑭ 그레이더
⑮ 기중기
⑯ 페이로더

182

다음 중 착암기계에 속하는 것은?

⑦ 웨건 드릴
⑭ 휠 크레인
⑮ 타이어 도저
⑯ 파일 드라이버

183

파일 드라이버의 종류에 속하지 않는 것은?

⑦ 진동파일해머
⑭ 드롭해머
⑮ 공기해머
⑯ 볼 피인 해머

184

충격식 착암기를 사용법에 따라 분류할 때 그 종류가 아닌 것은?

⑦ 레그해머
⑭ 로드 밀
⑮ 스토퍼
⑯ 웨건 드릴

185

해머자체 속에 2행정 기관을 설치하여 피스톤의 낙하와 실린더 속의 연소압력으로 파일을 타격하여 작업하는 기계장치는?

⑦ 차동식 해머
⑭ 디젤 파일해머
⑮ 단동식 파일해머
⑯ 드롭해머

해설 및 정답

180
진동 항타기는 진동 횟수가 매 분당 500회 이상 되어야 검사기준이 된다.
답 ⑦

181
답 ⑮

182
착암기에는 레그드릴, 웨건 드릴, 핸드 헤머, 크롤러 드릴 등이 있다.
답 ⑦

183
파일 드라이버 : 디젤 파일 해머, 진동드롭, 증기 착암기
답 ⑯

184
답 ⑭

185
답 ⑭

186

기초공사용 기계 중 원거리에서 소량시공에 있어 동일조건일 경우 설비비, 운전경비를 적게 하고자 할 때에 적합한 것은?

㉮ 디젤파일 해머　　　　㉯ 증기 해머
㉰ 진동파일 해머　　　　㉱ 드롭 해머

187

쇄석기의 규격 표시가 잘못된 것은?

㉮ 롤크러셔 : 롤의 지름 × 길이
㉯ 콘크러셔 : 드럼의 지름 × 길이
㉰ 조크러셔 : 조간 최대거리 쇄석판 × 나비
㉱ 로드 밀 및 볼 밀 : 드럼의 지름 × 길이

188

천공기의 규격표시가 잘못된 것은?

㉮ 터널 굴착기 : 소요 공기량(m^3/min)
㉯ 크롤러식 : 착암기의 중량 및 공기소비량(m^3/min)
㉰ 시드 굴진식 : 사용설비 전력(kW)
㉱ 크롤러 점보식 : 프레틀롤의 단수와 착암대수(단수×대)

189

다음 중 쇄석기의 생산능력을 나타내는 방법은?

㉮ T.P.M　　㉯ T.P.D　　㉰ T.P.H　　㉱ T.P.S

190

쇄석기에 사용되는 스크린의 크기 표시를 나타내는데 40mesh란?

㉮ 1inch 당 40개의 구멍이 있다.
㉯ 40$inch^2$당 40개의 구멍이 있다.
㉰ 1cm^2당 40개의 구멍이 있다.
㉱ 1$feet^2$당 40개 구멍이 있다.

186

답 ㉱

187

콘크러셔 : 베트의 직경

답 ㉯

188

답 ㉮

189

시간당(ton per hour) 쇄석기가 원석을 쇄석으로 생산한 양을 톤(ton)으로 표시하는 능력을 말한다.

답 ㉰

190

메시란 inch당 구멍의 수를 의미한다.

답 ㉰

191

다음 건설기계 중 쇄석기의 종류에 해당되지 않는 것은?

㉮ 해머

㉯ 로드밀

㉰ 롤 크러셔

㉱ 자이레토리

192

크러셔의 용도는?

㉮ 노후 포장면 파쇄

㉯ 골재선별

㉰ 원석, 옥석 등을 쇄석

㉱ 골재 혼합장치

193

쇄석기에 관한 내용 중 틀리는 것은?

㉮ 로드밀(rod mill)은 입도가 적은 세골재를 얻기 위하여 사용하는 기계이다.

㉯ 조크러셔(jaw crusher)는 일반적으로 원석의 1차적인 파쇄작업에 사용한다.

㉰ 더블롤크러셔(double crusher)는 2차적인 쇄석작업에 사용한다.

㉱ 콘크러셔(cone crusher)는 1차적인 쇄석작업에 사용하는 기계이다.

194

고정치판과 동력으로 요동되어지는 가동치판과 대치시키고 그 사이에 석괴를 공급하여 파쇄하는 기계는 어느 것인가?

㉮ 조크러셔

㉯ 자이레토리

㉰ 인토록 크러셔

㉱ 롤 크러셔

195

암석 천공기계가 아닌 것은?

㉮ 어스드릴

㉯ 웨건 드릴

㉰ 싱커

㉱ 크롤러 드릴

해설 및 정답 ㉮㉯㉰㉱

191
해머 : 항타기
답 ㉮

192
답 ㉰

193
답 ㉱

194
답 ㉮

195
답 ㉯

196

콘크리셔의 규격을 나타내는 것은?

㉮ 베드직경(mm)

㉯ 드럼직경×드럼길이

㉰ 베드두께

㉱ 1시간당 해석능력

197

기중기의 권상 권하조작에 필요한 안전장치와 직접 관련이 없는 것은?

㉮ 제한스위치

㉯ 인터록장치

㉰ 클러치

㉱ 기계 브레이크

196

답 ㉮

197

- **안전장치** : 제한스위치, 인터록장치, 기계 브레이크, 자석 브레이크 등이 있다.
- **클러치** : 동력전달장치

답 ㉰

유 체 기 계

제1장 | 유체기계의 정의

제2장 | 펌프

제3장 | 축류펌프

제4장 | 왕복펌프

제5장 | 회전펌프

제6장 | 특수펌프

제7장 | 수차

제8장 | 공기기계

제1장. 유체기계의 정의

분류

유체에너지(물, 공기와 같은 작동유체)를 유압과 속도를 이용하여 기계에너지화 하는 장치이다.

1. 수력기계(양수펌프, 수차)

1) 펌프

① **터보형 펌프** : 원심펌프, 축류펌프, 사류펌프

  ㉠ **원심펌프**

  • 다단펌프 : 펌프의 양정을 높게 한 펌프

  • 외부 케이싱 설치 : 송출 압력을 증가시키기 위함

  ㉡ **축류펌프** : 비속도가 크므로 전양정에서도 회전수를 크게 할 수 있다.

② **용적형 펌프** : 유압식

  • 회전식 : 나사, 기어, 베인펌프

  • 왕복식 : 피스톤 펌프, 플렌저 펌프

2) 수차

① **충격수차** : 펠톤수차

② **반동수차** : 프란시스, 프로펠러, 카플란 수차

2. 유압기기

1) **압력 발생장치(펌프)** : 나사, 기어, 베인, 회전피스톤 펌프

2) **유압제어밸브** : 압력, 유량, 방향 조절밸브

3) **액추에이터(작동기)** : 실린더, 모터

제1장 — 적중 예상문제

해설 및 정답

01

다음 중 터보형에 해당하지 않는 것은?

㉮ 원심식 ㉯ 사류식 ㉰ 축류식 ㉱ 왕복식

01
- 용적형 : 왕복식, 회전식
- 터보형 : 원심, 축류, 사류

답 ㉱

02

다음 수력기기 중 반동 수차에 해당하는 것은?

㉮ 프로펠러 수차, 프란시스 수차, 카플란 수차
㉯ 펠톤 수차, 프란시스 수차
㉰ 카플란 수차, 펠톤 수차
㉱ 펠톤 수차, 프로펠러 수차

02
- 충격수차(펠톤 수차)
- 반동수차 : 프란시스 수차, 프로펠러 수차, 카플란 수차

답 ㉮

03

다음 중 유압식 펌프에 해당되지 않는 것은?

㉮ 기어펌프 ㉯ 베인펌프
㉰ 플렌저 펌프 ㉱ 디퓨저 펌프

03

답 ㉱

04

다음 중 제어 밸브에 해당하지 않는 것은?

㉮ 압력 조절 ㉯ 유량 조절
㉰ 방향 조절 ㉱ 속도 조절

04

답 ㉱

05

다음 중 유압기기의 구성요소에 해당하지 않는 것은?

㉮ 펌프 ㉯ 제어 밸브
㉰ 작동기 ㉱ 유체 커플링

05

답 ㉱

제2장. 펌프

기계에너지를 유체에너지로 전환 : 낮은 곳의 유체를 높은 곳으로 송출하는 기계

1) **디퓨저 펌프(터빈 펌프)** : 회전차의 바깥 둘레에 안내깃이 부착되어 있다.

2) **벌류트 펌프** : 안내깃이 없다.

2-1 유량 구하는 식

$$Q = A \ V \ [\text{m}^3/\text{s}]$$

2-2 실제 양정

$$H_a = H_i + H_o \ (\text{흡입 실양정} + \text{송출 실양정})$$

2-3 전 양정

베르누이 방정식에서 $\dfrac{p}{\gamma} + \dfrac{v^2}{2g} + z = c$의 손실을 고려하면

전수두 $H = \dfrac{p_1 - p_2}{\gamma} + \dfrac{v_1^2 + v_2^2}{2g} + z_1 - z_2$

2-4   원심펌프의 이론 수두

1. 깃(vane) 수가 무한인 경우

1) 회전토크

$$T = \rho Q(r_2 v_{2u} - r_1 v_{1u}) = \frac{\gamma}{g} Q(r_2 v_{2u} - r_1 v_{1u})$$

$$= \frac{\gamma}{g} Q(r_2 v_2 \cos\alpha_2 - r_1 v_1 \cos\alpha_1)$$

$$(v_u = v \cos\alpha = r\omega)$$

2) 이론 동력

$$L_{th} = T\omega = \frac{\gamma}{g} Q(r_2\, \omega\, v_2 \cos\alpha_2 - r_1\, \omega\, v_1 \cos\alpha_1)$$

$$= \frac{\gamma}{g} Q(u_2\, v_2 \cos\alpha_2 - u_1 v_1 \cos\alpha_1)$$

3) 이론 무한수두

$$L_{th\infty} = \gamma H_{th\infty} Q = T\omega = \frac{\gamma}{g} Q(u_2 v_2 \cos\alpha_2 - u_1 v_1 \cos\alpha_1)$$

$$\therefore H_{th\infty} = \frac{1}{g}(u_2 v_{2u} - u_1 v_{1u})$$

$$= \frac{1}{g}(u_2 v_2 \cos\alpha_2 - u_1 v_1 \cos\alpha_1) \text{에서 } \alpha_1 = 90° \text{이면}$$

$$= \frac{1}{g} u_2 v_{2u}$$

2. 깃수가 유한인 경우

$$H_{th} = \frac{1}{g}(u_2 v_{2u}{'} - u_1 v_{1u}{'})$$

2-5   펌프의 동력과 효율

1. 수동력

$$L_w = \gamma \cdot H \cdot Q$$

L : 축동력

전효율 $\eta = \dfrac{L_w}{L} = \dfrac{\gamma H Q}{L}$

체적효율 $\eta_v = \dfrac{Q}{Q + \Delta Q}$

$\left[\begin{array}{l} Q \text{ : 송출유량} \\ \Delta Q \text{ : 회전차속을 지나는 유량} \end{array}\right.$

2. 기계효율

$$\eta = \dfrac{L - L_l}{L} = \dfrac{\gamma H_{th}(Q + \Delta Q)}{L}$$

수력효율 $\eta_h = \dfrac{H(\text{펌프의 실제양정})}{H_\infty(\text{이론양정})}$

전효율 $\eta = \eta_1 \eta_2 \eta_3$

2-6   원심펌프의 상사법칙

1. 한 개의 회전차인 경우

원주속도 $U_1 = \dfrac{\pi D_1 N_1}{60}, \ \ U_2 = \dfrac{\pi D_2 N_2}{60}$

회전차 한 개이므로 $D_1 = D_2$

$$U_1 = U_2 \dfrac{N_1}{N_2}$$

1) 유량

$$Q_1 = A U_1$$

$Q_2 = A U_2$에서

$$Q_1 = Q_2 \dfrac{N_1}{N_2}$$

2) 양정

$$H_2 = H_{th}\eta = \eta\frac{1}{g}u_2 v_2 \cos\alpha_2 = \eta\frac{1}{g}u_1\frac{N_1}{N_2}v_1\frac{N_1}{N_2}$$

$$H_2 = H_1\left(\frac{N_1}{N_2}\right)^2$$

3) 동력

$L = \gamma H Q$ 에서

$$L_2 = \gamma Q\left(\frac{N_2}{N_1}\right)H\left(\frac{N_1}{N_2}\right)^2 = L\left(\frac{N_1}{N_2}\right)^3$$

2. 형상이 상사한 두 개의 회전차인 경우

$$\frac{u_1}{u_2} = \frac{D_1 N_1}{D_2 N_2}$$

1) 유량

$$Q_2 = \pi D_2 b_2 u_2 = \pi D_2 b_1\frac{D_2}{D_1}u_1\frac{D_2}{D_1}\frac{N_2}{N_1}\frac{D_1}{D_1}$$

$$= \pi D_1 b_1\left(\frac{D_2}{D_1}\right)^3\left(\frac{N_2}{N_1}\right) = Q_1\left(\frac{D_2}{D_1}\right)^3\left(\frac{N_2}{N_1}\right)$$

2) 양정

$$H_2 = H_1\left(\frac{D_2}{D_1}\right)^2\left(\frac{N_2}{N_1}\right)^2$$

3) 동력

$$L_2 = L_1\left(\frac{D_1}{D_2}\right)^5\left(\frac{N_1}{N_2}\right)^3$$

3. 비교회전수 N_s

한 개의 회전차 운전상태를 상사하게 유지하면서 크기비를 조절하고 단위유량, 단위수두를 발생시킬 때 회전차에 적용해야 할 회전수를 원래 회전차의 비교 회전수라 한다.

$$\frac{Q_1}{Q_2} = \left(\frac{D_1}{D_2}\right)^3 \frac{N_1}{N_2} \text{과 } \frac{H_1}{H_2} = \left(\frac{D_1}{D_2}\right)^2 \frac{N_1}{N_2}\text{를 연립하면}$$

$$\frac{D_1}{D_2} = \left(\frac{H_1}{H_2}\right)^{1/2} \frac{N_2}{N_1} = \left(\frac{N_2}{N_1}\right)^{1/3} \left(\frac{Q_1}{Q_2}\right)^{1/3} \text{에 3승을 하면}$$

$$\left(\frac{N_2}{N_1}\right)^2 = \left(\frac{H_2}{H_1}\right)^{3/2} \left(\frac{Q_1}{Q_2}\right)$$

$$\therefore N_2 = N_1 \left(\frac{H_2}{H_1}\right)^{3/4} \left(\frac{Q_1}{Q_2}\right)^{1/2} \quad (Q_2 = 1\text{m}^3/\text{s}, \ H_2 = 1\text{m}, \ N_S = N_2)$$

비교회전도식 : (1단인 경우) $N_S = N \dfrac{Q^{\frac{1}{2}}}{H^{\frac{3}{4}}}$

(2단인 경우) $N_S = N \dfrac{Q^{\frac{1}{2}}}{\left(\dfrac{H}{2}\right)^{\frac{3}{4}}}$

4. 펌프 회전차 설계시 고려사항

1) 마찰 손실을 적게 하고자 할 때
- 깃의 길이 짧게
- 깃의 잇수를 적게
- 회전차 가공면을 매끄럽게 할 것

2) 손실 수두를 줄이고자 할 때
- 단면적 변화를 적게
- 깃의 각 변화를 적게
- 깃의 잇수를 많게 하여 곡률 반경을 크게 할 것

5. 펌프에서 발생하는 현상

1) 공동현상(cavitation)
증기압 이하로 되면 기포(증기)가 발생되는 현상으로, 이로 인해 기계 효율이 저하됨

2) 수격 작용

관속에 유체가 흐를 때 속도 변화에 의한 급격한 압력 상승으로 인한 쇠를 두드리는 듯한 현상

3) 서징현상

송출 유량과 송출 압력 사이에 주기적인 변동에 의해 과도적으로 발생하는 압력의 최대값

〈발생원인〉
- 펌프의 양정곡선이 높을 때
- 배관에 물 탱크나 공기 탱크가 있을 때
- 탱크 뒤쪽에 유량 조절 밸브가 있을 때

6. 축추력 방지법
- thrust bearing을 장착
- 양흡입형 회전차를 선택
- 평형 평판을 사용
- 자기평형(self balance) 방식 선택

7. 각 펌프별 비교회전도와 양정
1) 터빈 펌프 : 120~350rpm, 20~30m
2) 사류형 벌류트 펌프 : 200~700rpm, 10~12m
3) 사류펌프 : 500~1500rpm, 5~8m
4) 축류펌프 : 1200~2500rpm, 1~5m

제2장 — 적중 예상문제

01

다음 중 안내깃이 달린 펌프는 어느 것인가?

㉮ 디퓨저 펌프　　　　㉯ 인벌류트 펌프
㉰ 베인펌프　　　　　　㉱ 피스톤 펌프

01
답 ㉮

02

다음 중 안내깃이 없는 펌프는?

㉮ 인벌류트 펌프　　　㉯ 베인펌프
㉰ 피스톤 펌프　　　　㉱ 터빈 펌프

02
답 ㉮

03

다음 중 원심펌프의 양수장치 원리를 설명한 것 중 알맞은 것은?

㉮ 회전차의 원심력을 이용한 것이다.
㉯ 날개차 익형의 양력을 이용한 것이다.
㉰ 익형의 양력과 원심력을 이용한 것이다.
㉱ 게이싱과 회전차 사이의 마찰력을 이용한 것이다.

03
답 ㉮

04

다음 중에서 양정이 높을 때 사용 하는 펌프는 어느 것인가?

㉮ 다단 펌프　　　　　㉯ 단단 펌프
㉰ 양 흡입펌프　　　　㉱ 단 흡입펌프

04
답 ㉮

05

다음 중 유량을 많이 필요로 할 때 사용되는 펌프는?

㉮ 양 흡입펌프　　　　㉯ 단 흡입펌프
㉰ 단단 펌프　　　　　㉱ 다단 펌프

05
답 ㉮

06

펌프에 있어서 회전수 N(rpm), 양정을 H(m), 유량을 $Q(\ell/\min)$라고 할 때 비교회전도를 구하는 식은?

㉮ $N_S = \dfrac{N\sqrt{Q}}{H^{3/4}}$ ㉯ $N_S = \dfrac{\sqrt{N}\,Q}{H^{3/4}}$

㉰ $N_S = \dfrac{N\sqrt{Q}}{H^{4/3}}$ ㉱ $N_S = \dfrac{NQ^2}{H^{3/4}}$

06
  답 ㉮

07

양정이 200m, 유량이 2m³/min, 회전수 3000rpm인 4단 원심펌프의 비교회전도는 몇 rpm인가?

㉮ 226   ㉯ 422

㉰ 552   ㉱ 662

07
$$N_s = \frac{NQ^{1/2}}{(H/i)^{3/4}} = \frac{3000 \times 2^{0.5}}{\left(\dfrac{200}{4}\right)^{3/4}}$$
$$= 225.6 = 226 \text{ rpm}$$
  답 ㉮

08

축추력 방지법 중 관련이 없는 것은?

㉮ 회전차의 직경을 크게 한다.
㉯ 트러스트 베어링을 장착한다.
㉰ 평형평판을 사용한다.
㉱ 양흡입형 회전차를 선택한다.

08
  답 ㉮

09

다음 중 유량이 50m³/min, 양정이 10m, 비교회전도 600rpm일 때 1단 원심펌프의 회전수를 구한 것 중 맞는 것은?

㉮ 477rpm   ㉯ 557rpm

㉰ 607rpm   ㉱ 717rpm

09
$$N_S = \frac{N\sqrt{Q}}{H^{3/4}} = \frac{N\sqrt{50}}{10^{3/4}} = 600$$
$$\therefore \ N = 477 \text{ rpm}$$
  답 ㉮

10

펌프의 양정 H, 유효흡입수두를 $\triangle h$, 토마의 캐비테이션 계수를 σ라 할 때 관계식 중 맞는 것은?

㉮ $\triangle h = \sigma \times H$ ㉯ $H = \sigma \times \triangle h$

㉰ $\sigma = \triangle h \times H$ ㉱ $H = \sigma \div \triangle h$

10
  답 ㉮

11

원심펌프에서 캐비테이션 현상이 발생하는 곳은?

㉮ 회전차 날개 입구를 지난 날개의 이면에서 발생

㉯ 펌프의 흡입 밸브에서 발생

㉰ 펌프의 출구측 밸브에서 발생

㉱ 회전차 날개 표면에서 발생

11 답 ㉮

12

펌프의 공동현상의 영향이 아닌 것은?

㉮ 펌프의 효율 상승　　㉯ 날개 침식

㉰ 펌프의 소음 및 진동 발생　㉱ 양정 곡선과 효율 저하

12 답 ㉮

13

축류펌프의 양정은 대략 어느 정도인가?

㉮ 1～5m　　　　　㉯ 5～8m

㉰ 10～12m　　　　㉱ 20～30m

13 답 ㉮

14

압력 1.2MPa이고, 속도가 12m/s, 높이가·8m일 때 물의 총 수두는 얼마인가?

㉮ 137.8m　　　　　㉯ 152.1m

㉰ 183.3m　　　　　㉱ 210.2m

14 답 ㉮

15

원심펌프의 유량을 증가시키는 방법은?

㉮ 병렬로 연결　　　㉯ 직렬로 연결

㉰ 혼합 연결　　　　㉱ 회전수 감소

15 답 ㉮

16

원심펌프 운전시 직렬로 연결하는 목적은 무엇인가?

㉮ 양정　　　　　　㉯ 유량

㉰ 동력　　　　　　㉱ 효율

16 답 ㉮

제3장. 축류펌프

3-1 축류펌프의 특징

1) 저양정(10m 이내), 고유량($8 \sim 400 \text{m}^3/\text{s}$)에 적합하다.
2) 운전 경비가 싸고, 구조가 간단, 가격도 저렴하다.
3) 송출밸브, 푸트밸브 등을 생략할 수 있다.

3-2 비교회전도 비교

1) 사류펌프(1100rpm)
2) 축류펌프(1500rpm)

3-3 축류펌프의 사용 용도

상하수도 양수, 농업용 양수, 터빈 콘덴서(복수기 : 냉각장치)의 순환수 역할로 사용된다.

3-4 구조

회전차, 안내깃, 케이싱, 수중 베어링으로 구성된다.

3-5 오일러의 수두

$$H = \frac{u_2}{g} \times v_2 \cos\alpha_2$$

3-6 항력과 양력

1) 항력(drag force)

$$D = C_D \cdot \frac{\rho A v^2}{2} = C_D \cdot \rho\, bl \frac{\omega_\infty^2}{2}$$

b : 이폭
l : 이현 길이
ω_∞^2 : 유효 상대속도

2) 양력(lift force)

$$C = C_L \frac{\rho A v^2}{2} = C_L \frac{\rho bl \omega_\infty^2}{2}$$

3) 주파수 관계

극수(p), 주파수(f), 회전수(n)일 때

$$f = \frac{p \cdot n}{120}$$

4) 축류펌프의 비교회전도

$$N_s = N \frac{\sqrt{Q}}{H^{3/4}}$$

3-7 축류펌프의 공동현상

그 결과 펌프효율이 떨어지고 맥동 및 재료의 손을 가져온 날개 입구의 압력이 낮거나 한계이하의 압력으로 떨어지면 기포가 발생하는데 그 현상을 공동현상이라 한다. 그 결과로 효율이 떨어지고, 맥동 및 재료의 손상을 초래한다.

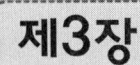 

제3장 적중 예상문제

01

다음 중 축류펌프의 장점이 아닌 것은?

㉮ 비속도가 적다.

㉯ 같은 유량에 비해 타 펌프보다 형상이 적고 값이 싸다.

㉰ 양정변화에 따라 유량 변화가 적다.

㉱ 유로가 짧고 구조가 간단하다.

01

답 ㉮

02

축류펌프의 캐비테이션 현상은 깃의 어느 부위에서 발생하는가?

㉮ 날개의 선단 상부　　　㉯ 날개 후단 하부

㉰ 날개의 두께가 두꺼운 하부　㉱ 날개의 두께가 얇은 부분

02

답 ㉮

03

다음 중 축류펌프의 양력 구하는 식은?

㉮ $C = C_L \dfrac{\rho A v^2}{2} = C_L \dfrac{\rho b l \omega_\infty^2}{2}$　　㉯ $C = C_L \dfrac{\rho A v}{2} = C_L \dfrac{\rho b l \omega_\infty}{2}$

㉰ $C = C_L \dfrac{g A v^2}{2} = C_L \dfrac{g b l \omega_\infty^2}{2}$　　㉱ $C = C_L \dfrac{A v^2}{2g} = C_L \dfrac{b l \omega_\infty^2}{2g}$

03

답 ㉮

04

다음 중 축류펌프의 항력 구하는 식은?

㉮ $D = C_D \cdot \dfrac{\rho A v^2}{2} = C_D \cdot \rho b l \dfrac{\omega_\infty^2}{2}$

㉯ $D = C_D \cdot \dfrac{\rho A v}{2} = C_D \cdot \rho b l \dfrac{\omega_\infty}{2}$

㉰ $D = C_D \cdot \dfrac{g A v^2}{2} = C_D \cdot g b l \dfrac{\omega_\infty^2}{2}$

㉱ $D = C_D \cdot \dfrac{A v^2}{2g} = C_D \cdot b l \dfrac{\omega_\infty^2}{2g}$

04

답 ㉮

05

양정 5m, 회전수 600rpm, 비교회전도 1500인 축류펌프의 유량은 몇 m³/min인가?

㉮ 70

㉯ 80

㉰ 90

㉱ 100

06

전원 주파수 50Hz이고, 회전수 500rpm, 50kW의 동력을 전달할 때 전동기의 극수는 얼마인가?

㉮ 12

㉯ 22

㉰ 33

㉱ 44

07

양정이 3m, 유량이 120m³/min인 축류펌프의 비교회전도가 1200일 때 회전수를 구한 것 중 옳은 것은?

㉮ 250

㉯ 300

㉰ 350

㉱ 400

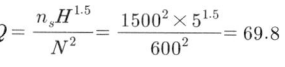

05

$n_s = \dfrac{N\sqrt{Q}}{H^{3/4}}$ 에서

$Q = \dfrac{n_s H^{1.5}}{N^2} = \dfrac{1500^2 \times 5^{1.5}}{600^2} = 69.8$

답 ㉮

06

$p = \dfrac{120 \times f}{n} = \dfrac{120 \times 50}{500} = 12$

답 ㉮

07

$n_s = \dfrac{N\sqrt{Q}}{H^{3/4}}$

답 ㉮

제4장. 왕복펌프

4-1 구성

피스톤, 실린더, 흡입밸브, 송출밸브가 있고, 부속품으로는 흡입관, 송출관, 공기실, 여과기, 푸트 밸브 등이 있다.

4-2 분류

피스톤 펌프, 버킷 펌프, 플렌저 펌프가 있다.

4-3 왕복 펌프밸브의 구비조건

1) 밸브의 개폐가 정확
2) 물이 밸브 통과시 저항이 적을 것
3) 누설이 방지를 정확히 할 것
4) 개폐작동이 신속하고 고장이 적을 것
5) 내구성이 있을 것
6) 재료 선정에 신중할 것(청동, 황동, 인청동)

제4장 — 적중 예상문제

01

다음 중 왕복식 펌프에 해당하는 것은?

㉮ 플렌저 펌프
㉯ 기어펌프
㉰ 베인펌프
㉱ 원심펌프

02

펌프밸브의 구비조건 중 옳지 않은 것은?

㉮ 누설방지를 위해 밸브 중량이 클 것
㉯ 내구성이 좋을 것
㉰ 유체가 밸브 통과시 저항이 적을 것
㉱ 밸브 개폐시기가 정확 할 것

03

다음 중 초고압 펌프에 해당하는 것은?

㉮ 플렌저 펌프
㉯ 기어펌프
㉰ 기어펌프
㉱ 나사펌프

04

펌프의 송출량 $Q = 0.5\text{m}^3/\text{min}$, 양정 $H = 30\text{m}$, 효율 0.85일 때 축 동력은 몇 kW인가?

㉮ 2.88
㉯ 3.88
㉰ 4.88
㉱ 5.88

05

피스톤 직경이 80mm이고, 행정이 60mm, 회전수가 1500rpm인 왕복펌프의 속도는 얼마인가?

㉮ 2.5m/s
㉯ 3.5m/s
㉰ 4.5m/s
㉱ 5.5m/s

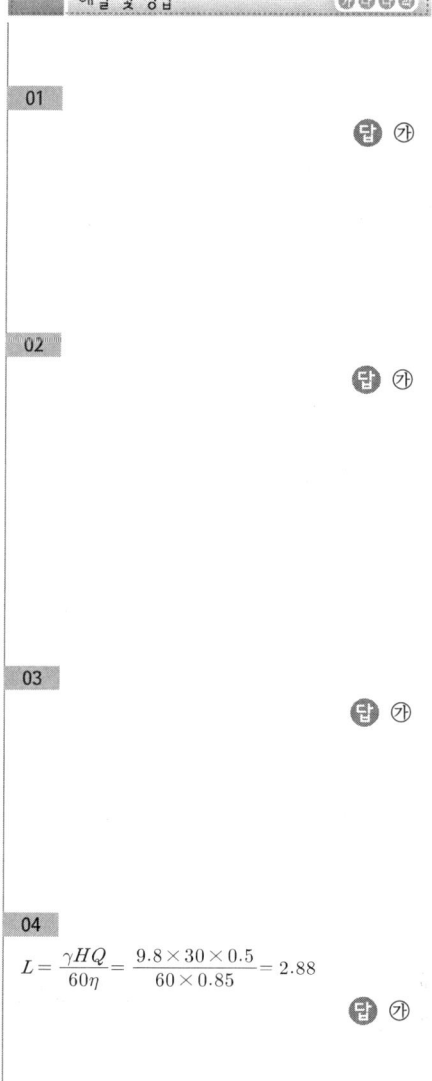

01

답 ㉮

02

답 ㉮

03

답 ㉮

04

$$L = \frac{\gamma H Q}{60 \eta} = \frac{9.8 \times 30 \times 0.5}{60 \times 0.85} = 2.88$$

답 ㉮

05
피스톤 속도

$$v = \frac{2sN}{60} = \frac{2 \times 60 \times 1500}{60} = 2.5\,\text{m/s}$$

답 ㉮

제5장. 회전펌프

5-1 종류

1) **치차펌프**

   내접·외접 치차펌프

2) **베인펌프**

3) **로브 펌프**

4) **나사펌프**

5-2 회전펌프의 특징

- 소유량, 고양정에 적합하다.
- 구조가 간단해서 취급이 용이하다.
- 점성이 큰 액체 수송도 가능하다.

5-3 치차펌프(기어펌프)

송출 압력이 150kg/cm^2 이내에 적합하고 유량 구하는 식은 $Q = 2\pi M^2 bNZ$이다.

5-4 베인펌프

1) 특징
- 베인펌프는 10여 개의 베인으로 구성되어 송출압력에도 맥동이 적다.
- 구동동력에 비해 형상이 소형이다.
- 베인 선단이 마모 되어도 압력 저하가 발생하지 않는다.
- 고장이 적고, 보수가 용이하다.

2) 용량
- 송출 압력이 $150kg/cm^2$ 정도
- 유량 산출식 : $Q = 2\pi D e\, b N Z$

5-5 나사펌프

1) 특징
- 양 축이 평형이 되어 추력이 발생하지 않는다.
- 소음 진동이 적다.
- 고속 회전이 가능하고 타 펌프에 비해 효율이 좋다.

제6장. 특수펌프

6-1 마찰펌프

- 비교회전도가 작고, 전동기와 직렬로 연결되어 소형이다.
- 양정이 10~20m 정도이고 유량도 비교적 작다.

6-2 분사펌프

고압의 액체를 분출시 주변의 액체가 분사류와 합류해서 송출되는 펌프로 제트펌프라고도 한다.

6-3 기포펌프

압축공기를 양수관 속에 넣으면 물보다 가벼운 물·공기 혼합량이 관 밖으로 압력을 주어 높은 곳으로 수송하는 펌프이다.

6-4 수격펌프

저낙차의 물을 관성을 이용하여 더 높은 곳으로 수송하는 원리이다.

제6장 — 적중 예상문제

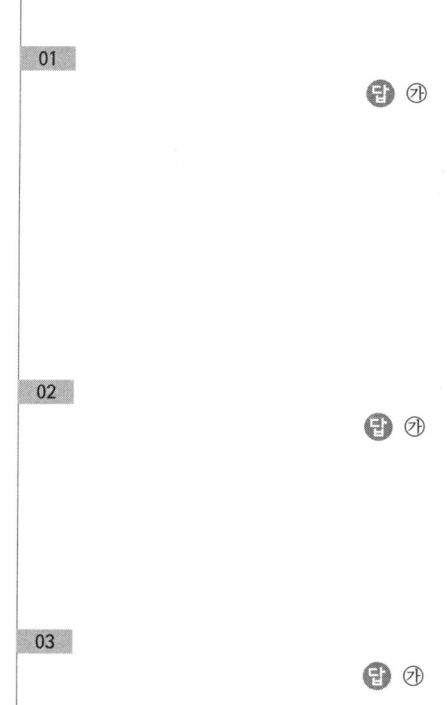

해설 및 정답 ㉮㉯㉰㉱

01

다음 중 치차펌프의 단점이 아닌 것은?

㉮ 점도가 큰 액체 수송에 적합하다.
㉯ 효율이 낮다.
㉰ 소음 맥동이 크다.
㉱ 기포 발생

01

답 ㉮

02

다음 중 용적형 펌프에 해당되지 않는 것은?

㉮ 원심펌프   ㉯ 베인펌프
㉰ 기어펌프   ㉱ 플렌저 펌프

02

답 ㉮

03

마찰펌프의 특징이 아닌 것은?

㉮ 점성이 큰 액체 수송에 적합하다.
㉯ 구조가 간단하다.
㉰ 소유량, 고양정에 적합하다.
㉱ 가정용에 사용되기도 한다.

03

답 ㉮

04

분사펌프 설명에 맞지 않는 것은?

㉮ 효율이 높다.
㉯ 배수 펌프로 사용한다.
㉰ 송출, 구동하는 유체가 물이다.
㉱ 발전소의 수공 장치로 사용 가능하다.

04

답 ㉮

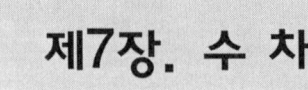

제7장. 수 차

7-1 개요

수력 원동기로서 유체에너지를 기계에너지로 전환하는 기계이다.

7-2 수력 발전소의 종류

1) **수로식** : 자연의 흐름식

2) **댐식** : 인공 저수식

3) **댐−수로식** : 서징 탱크를 설치하여 수로가 압력 수로가 되는 형식

4) **펌프 양수식** : 저수지와 저수지 사이에 펌프로 압력 관로를 설치하여 양수

5) **조력식** : 조수간만의 차를 이용

7-3 수차의 종류

1) **중력 수차** : 물의 낙차를 이용한다.

2) **충격 수차** : 물의 속도 에너지 즉, 물의 충격 에너지로 회전시킨다.

3) **반동 수차** : 물의 압력수두와 속도수두를 수차에 가해 회전시킨다.

7-4 동력

$$L = \gamma \cdot H \cdot Q$$

7-5 수차의 비교회전도

$$N_S = N \frac{L^{1/2}}{H^{5/4}}$$

7-6 수차의 회전수

$$f = \frac{pN}{120}$$

p : 자극수
f : 주파수
N : 회전수

7-7 낙차와 비교회전도

1) **펠톤 수차** : 고낙차용($H = 200 \sim 1800\text{m}$, $N_s = 8 \sim 30\text{rpm}$)

   유량이 적은 경우에 적합한 충격 수차이며, 회전차, 버킷, 니들밸브, 주축, 케이싱으로 구성

2) **프란시스 수차** : 중낙차용($H = 40 \sim 500\text{m}$, $N_s = 40 \sim 350\text{rpm}$)

   이용도가 가장 많이 사용되는 반동 수차이며, 회전차, 안내깃, 고정 날개, 케이싱, 흡출관으로 구성

3) **프로펠러 수차** : 저낙차용($H = 80\text{m}$ 이하, $N_s = 400 \sim 800\text{rpm}$)

   3~10개인 날개가 부하에 의한 날개 각도를 조정할 수 있는 가동익과 고정익으로 나뉘며, 가동익을 카플란 수차, 고정익을 프로펠러 수차라 함.

〈특 징〉

• 수차 내 물 흐름저항이 없다.

• 손실이 작아 효율이 좋은 편이다.

• 케이싱 구조가 간단하고, 건설비가 적게 든다.

• 홍수시 침수를 방지할 수 있다.

• 고낙차용에는 부적절하고 안내깃의 개폐기구가 복잡한 것이 결점이다.

4) **펌프 수차** : 양수발전소라고도 하며, 전력을 발생시키는 수력발전소이다.

제7장 — 적중 예상문제

01

인공적으로 수로를 설치하여 회전시키는 발전소는?

㉮ 수로식   ㉯ 댐식

㉰ 양수식   ㉱ 댐-수로식

01

답 ㉮

02

충격 수차의 대표적인 것은 어느 것인가?

㉮ 펠톤 수차   ㉯ 카플란 수차

㉰ 프로펠러 수차   ㉱ 프란시스 수차

02

답 ㉮

03

다음 중 반동 수차에 해당하지 않는 것은?

㉮ 펠톤 수차   ㉯ 프란시스 수차

㉰ 카플란 수차   ㉱ 프로펠러 수차

03

답 ㉮

04

수송관에 공기밸브 또는 공기관을 설치하는 목적 중 옳은 것은?

㉮ 수압관에 발생할 진공에 대한 수압관 보호 목적

㉯ 수압관에의 맥동 방지

㉰ 수격작용 방지 목적

㉱ 공동현상 방지

04

답 ㉮

05

수차의 비교회전도 구하는 공식으로 맞는 것은?
(단, Q(유량), H(낙차), L(출력)이다.)

㉮ $n_s = \dfrac{n\sqrt{L}}{H^{5/4}}$ ㉯ $n_s = \dfrac{n\sqrt{Q}}{H^{3/4}}$

㉰ $n_s = \dfrac{n\sqrt{Q}}{H^{5/4}}$ ㉱ $n_s = \dfrac{n\sqrt{L}}{H^{3/4}}$

05

펌프의 비교회전도 : $n_s = \dfrac{n\sqrt{Q}}{H^{3/4}}$

수차의 비교회전도 : $n_s = \dfrac{n\sqrt{L}}{H^{5/4}}$

답 ㉮

06

관속의 속도가 3.5m/s, 전 수두(유효낙차)가 300m일 때, 속도수두는 압력수두의 몇 %인가?

㉮ 0.2 ㉯ 0.5
㉰ 0.6 ㉱ 0.8

06

속도수두 $= \dfrac{v^2}{2g} = \dfrac{3.5^2}{2g} = 0.63$ m

베르누이 방정식에서 $\dfrac{p}{\gamma} + \dfrac{v^2}{2g} = H$

∴ 압력수두 : $\dfrac{p}{\gamma} = H - \dfrac{v^2}{2g} = 300 - 0.63$
$= 299.37$ m

∴ $\dfrac{0.63}{299.37} = 0.002 = 0.2\%$

답 ㉮

07

회전수 120rpm, 출력 850kW, 유효낙차가 10m인 수차의 비교회전도는?

㉮ 197 ㉯ 297
㉰ 397 ㉱ 489

07

재열사이클의 목적
㉮ 터빈일 증가
㉯ 터빈 출구의 질 향상

답 ㉮

08

다음 중 고낙차(400~1800m) 지점에 적용되는 것은?

㉮ 펠톤 수차 ㉯ 카플란 수차
㉰ 프로펠러 수차 ㉱ 프란시스 수차

08

• 펠톤 수차 : 300~1800m
• 프란시스 수차 : 40~600m
• 사류 수차 : 40~180m
• 프로펠러 수차 : 3~70m

답 ㉮

09

다음 중 양수발전소에 해당하며 비교회전도가 가장 낮은 것은?

㉮ 펌프 수차 ㉯ 펠톤 수차
㉰ 카플란 수차 ㉱ 프로펠러 수차

09

답 ㉮

10

다음 중 물의 흐름이 접선 방향인 것은?

㉮ 펠톤 수차 ㉯ 프란시스 수차
㉰ 카플란 수차 ㉱ 프로펠러 수차

10

• 펠톤 수차 : 흐름이 접선방향
• 카플란 수차, 프로펠러 수차 : 흐름이 축 방향
• 프란시스 수차 : 혼류 방향(반경 방향), 적용 낙차의 범위가 넓다.

답 ㉮

11

다음 중 축류 수차에 해당하는 것은?

㉮ 가동형 프로펠러 수차(카플란 수차)
㉯ 충격 수차
㉰ 펠톤 수차
㉱ 중력 수차

11

답 ㉮

12

다음 중 펠톤 수차의 부품에 해당하지 않는 것은?

㉮ 안내깃 ㉯ 전향기

㉰ 버킷 및 케이싱 ㉱ 니들 밸브

13

다음 중 프란시스 수차의 부품이 아닌 것은?

㉮ 전향기 ㉯ 링

㉰ 안내깃 ㉱ 모터

14

다음 중 카플란 수차에 꼭 필요한 것은?

㉮ 흡출관 ㉯ 전향기

㉰ 밸브 ㉱ 수압 조정기

12

답 ㉮

13

전향기는 펠톤 수차에서 방향 조절하는 부속기

답 ㉮

14

답 ㉮

제8장. 공기기계

8-1) 송풍기, 압축기

기계에너지를 압력 및 속도에너지로 전환하는 장치

- 고압식 공기기계 : 압축기, 진공 펌프
- 저압식 공기기계 : 송풍기, 풍차

8-2) 압축 방법에 의한 분류

1) **용적형** : 밀폐실의 체적을 압축함으로써 내부의 곤기 압력을 높이는 형식

2) **터보형**
   - 공기에 정해진 방향의 운동을 공급하여 운동에너지를 압력 에너지로 바꾸는 형식
   - 축류식과 원심식이 있다.

8-3) 특징

1. 왕복식 압축기

1) **장점**
   - 풍량이 적을 때는 왕복식이 우수하다.
   - 구조가 간단하고, 효율의 변화 없이 풍량의 조절이 가능하다.
   - 송출 압력 변화에도 풍량의 변화가 없다.
   - 초 고압용($100kg/cm^2$)

2) 단점

- 마모에 의해 효율이 감소하고 기계접촉부가 복잡하다.
- 윤활유 수송에 공기가 역할을 하므로 공기 저유부가 필요하다.
- 시설비가 비싸고 용량이 너무 대형이다.

2) 회전 압축기

회전수 변화에 따라 풍량 변화가 적고 가스 종류에 관계없이 압력 상승 변화가 없다.

3) 축류 압축기

소형 경량으로 회전속도가 크나, 저압용인데 성능이 좋지 않고 소음이 크다.

4) 축류 송풍기

성능이 좋으나 송출압력이 1.1kg/cm^2 이상

5) 원심 압축기

6) 원심 송풍기

8-4 원심 송풍기 구조

1) **원심 팬** : 흡입한 공기를 케이싱 및 흡입통을 거쳐 축 방향으로 회전차에 흡입하여 와류실로 보내고 와류실을 돌면서 속도수두가 압력수두로 바뀌면서 송출구로 배출하는 역할을 한다.

2) **다익 팬** : 시로코 팬이라고도 하는데 주로 냉난방의 환기나 건물 통풍 및 보일러 통풍에 적합하다.

3) **레이디얼 팬**

4) **터보 팬** : 연강재로 된 약한 부분을 보완하기 위해 형광을 용접하여 본체를 나선형으로 제작한다.

5) **비교회전도** : $n_s = n \dfrac{Q^{1/2}}{H^{3/4}} = \dfrac{n\sqrt{Q}}{\left(\dfrac{p}{\gamma}\right)^{3/4}}$

8-5   원심 송풍기의 서징현상

압력과 풍량에 큰 주기적 변동 현상이 생기는 것이다.

〈방지법〉
• 방풍에 의한 방법
• 방풍 밸브에서 나온 풍량을 바이패스 설치하여 흡입측으로 순환시키는 방법
• 교축에 의해 조절하는 방법
• 깃의 출구 각도를 적게 하여 좌우 특성 곡선을 얻어 서징 범위를 좁히는 방법
• 회전 속도를 조절하여 서징 한계 밖에서 운전하는 방법

8-6   축류 송풍기 구조

축류팬, 축류 송풍기, 축류 압축기

8-7   왕복 압축기 종류 : 피스톤의 왕복운동으로 작동

횡형, 종형, L형, V형, W형, 병렬형, 연동형, 대항형

8-8   회전식 압축기

소형 경량이 가능하므로 회전을 빨리 할 수 있고 기체가 항상 일정한 방향으로 흐르므로 흡기 밸브, 송출밸브, 크랭크 등이 불필요하다.

1) 장점
• 회전속도에 비해 토출량이 일정하다.
• 압력 저하 없이 회전 속도에 따라 송출량을 조절할 수 있다.
• 압력비와 구동동력과의 관계는 토출구를 교축해서 풍량을 감소시킴에 따라 압력비가 증가하고, 구동동력도 급격하게 증가시킬 수 있다.

2) 단점
- 압력차 때문에 고장 발생이 쉽다.
- 소음이 크고, 구조상 유입 기체에 기름이 혼합되기 쉽다.

8-9 진공 펌프와 압축기의 차이

- 진공 펌프의 흡입 압력이 낮으면 압력비가 상당히 커진다.
- 기체 밀도가 낮으므로 실린더 크기가 동력에 비해 크다.
- 공기 저항이 되는 부분을 적게 하여 동력이 증가하는 것을 피한다.

제8장  적중 예상문제

01

다음 중 저압식 공기기계에 해당하는 것은?

㉮ 송풍기
㉯ 압축기
㉰ 진공 펌프
㉱ 압축 공기기계

01
답 ㉮

02

SIROCCO FAN(시로코 팬)의 특징이 아닌 것은?

㉮ 풍량이 적다.
㉯ 익현 길이가 짧다.
㉰ 넓은 깃 폭이 많이 부착되어 있다.
㉱ 깃이 회전 방향으로 경사되어 있다.

02
답 ㉮

03

다음 중 터보형 송풍기 특징이 아닌 것은?

㉮ 고속회전이 불가능하다.
㉯ 기체 배출 온도가 100° 이상이다.
㉰ 소요 동력이 적다.
㉱ 고속회전이 가능하다.

03
답 ㉮

04

왕복식 압축기가 원심식에 비해 특징이 아닌 것은?

㉮ 압력비가 낮다.
㉯ 회전속도가 낮다.
㉰ 대풍량에 적합하지 않다.
㉱ 기계적 접촉부분이 많다.

04
왕복식 압축기는 압력비가 높고, 압력변화에 따라 풍량이 변하지 않고, 회전속도가 변하지 않고 대풍량에 부적합하다.
답 ㉮

05

송풍기에서 축추력을 평형시키는 방법은?

㉮ 밸런스 피스톤
㉯ 셀프 밸런스
㉰ 밸런스 디스크
㉱ 밸런스 홀

06

터보형 압축기의 특징이 아닌 것은?

㉮ 감속장치를 통해 회전수를 줄여야 하고 가스의 맥동이 크다.
㉯ 가스 맥동이 적다.
㉰ 소형 경량이다.
㉱ 원동기와 직렬연결이 가능하고 고속회전에 적합하다.

07

다음 중 용적형 압축기에 해당하지 않는 것은?

㉮ 원심식
㉯ 왕복식
㉰ 회전식
㉱ 나사식

08

다음 중에서 회전력을 이용한 압축 공기기계는?

㉮ 공기 터빈
㉯ 공기 프레스
㉰ 공기 이젝터
㉱ 공기 에이프런

09

송풍기 전압이 25cmAq, 풍량이 50m³/min인 팬의 비교회전도는 얼마인가? (단, n은 회전수, 비중량 $\gamma = 1.2\,kg/m^2$이다.)

㉮ $1.29n$
㉯ $1.99n$
㉰ $2.822n$
㉱ $0.83n$

10

송풍기 전압이 250mmAq, 풍량이 240m³/min, 회전수 1700rpm인 팬의 비교회전도는 얼마인가? (단, n은 회전수, 비중량 $\gamma = 1.2\,kg/m^2$이다.)

㉮ 480
㉯ 652
㉰ 780
㉱ 870

해설 및 정답

05 답 ㉮

06 답 ㉮

07 답 ㉮

08 답 ㉮

09

비교회전도

$$n_s = \frac{n\sqrt{Q}}{\left(\frac{p}{\gamma}\right)^{\frac{3}{4}}} = \frac{\sqrt{50}}{\left(\frac{250}{1.2}\right)^{\frac{3}{4}}}n = 1.29\,n$$

답 ㉮

10

$$n_s = \frac{1700\sqrt{240}}{\left(\frac{250}{1.2}\right)^{\frac{3}{4}}} = 480\,\mathrm{rpm}$$

답 ㉮

과년도 연습문제

건설기계일반 과년도 연습문제 1회

01

덤프트럭의 시간당 총작업량 산출에 대한 설명으로 틀린 것은?

㉮ 1회 사이클 시간에 비례한다.
㉯ 작업효율에 비례한다.
㉰ 적재용량에 비례한다.
㉱ 가동 덤프트럭의 대수에 비례한다.

02

아스팔트 피니셔의 규격표시 방법은?

㉮ 아스팔트를 포설할 수 있는 아스팔트의 무게
㉯ 아스팔트 콘크리트를 포설할 수 있는 표준 포장너비
㉰ 아스팔트 콘크리트를 포설할 수 있는 타이어의 접지너비
㉱ 아스팔트 콘크리트를 포설할 수 있는 도로의 너비

03

건설산업기본법에서 사용하는 용어 중 "건설공사"의 정의가 아닌 것은?

㉮ 산업설비 시설물을 설치·유지·보수하는 공사
㉯ 환경 시설물을 설치·유지·보수하는 공사
㉰ 기계설비 기타 구조물의 설치 및 해체공사
㉱ 「소방시설공사업법」에 따른 소방시설공사

해설 및 정답

01
답 ㉮

02
아스팔트 피니셔의 규격 : 콘크리트를 포설할 수 있는 너비로 표시
답 ㉯

03
답 ㉱

04

콘크리트 뱃칭 플랜트의 규격으로 옳은 것은?

- ㉮ 콘크리트의 시간당 생산능력(t/h)
- ㉯ 콘크리트의 분당 생산량(m^3/min)
- ㉰ 시공할 수 있는 표준 폭(m)
- ㉱ 콘크리트 탱크의 용량(L)

05

도저에서 캐리어 롤러(carrier roller)의 역할은?

- ㉮ 트랙 아이들러와 스프로킷 사이에서 트랙이 처지는 것을 방지하는 동시에 트랙의 회전위치를 정확하게 유지하는 일을 한다.
- ㉯ 스프로킷에 의한 트랙의 회전을 정확하게 유지하기 위한 것이다.
- ㉰ 최종 구동기어 위치와 스프로킷 안쪽이 접촉하여 최종 구동의 동력을 트랙으로 전해주는 역할을 한다.
- ㉱ 강판을 겹쳐 만들어 트랙터 앞부분의 중량을 받는다.

06

아스팔트 믹싱 플랜트를 구성하는 장치 중 건조기 드럼 내에서 발생한 수증기, 먼지, 연소가스, 진동 스크린에서 발생한 분진 등을 외부로 방출되지 않도록 하는 장치는?

- ㉮ 석분 공급 장치
- ㉯ 계량 장치
- ㉰ 골재 선별 장치
- ㉱ 집진 장치

07

건설기계의 작업장치에 사용되는 작동유에 관한 일반적인 설명으로 틀린 것은?

- ㉮ 작동유 중에 일부의 공기가 들어가면 성능에 지장이 있다.
- ㉯ 작동유는 점도지수는 낮을수록 좋다.
- ㉰ 작동유에는 첨가제를 사용할 수도 있다.
- ㉱ 작동유는 온도에 의한 점도 변화가 적은 것이 좋다.

08

주로 중량물의 들어올리기와 내리기, 다른 작업 장치를 부착하여 파쇄 작업, 건설공사 등에 많이 사용되는 것은?

㉮ 도저
㉯ 쇄석기
㉰ 셔블계 굴착기
㉱ 공기 압축기

08

답 ㉰

09

다음 중 스크레이퍼의 작업 가능 범위로 거리가 먼 것은?

㉮ 굴착   ㉯ 운반   ㉰ 적재   ㉱ 파쇄

09

답 ㉱

10

무한궤도식 굴삭기는 최대 몇 % 구배의 지면을 등판할 수 있는 능력이 있어야 하는가?

㉮ 15%   ㉯ 20%   ㉰ 25%   ㉱ 30%

10

답 ㉱

11

삽날각의 각도를 수평면을 기준으로 좌우로 각각 15cm정도 경사를 지어 V형 배수로 작업 등의 작업을 할 수 있는 도저는?

㉮ 습지 도저
㉯ 도저 셔블
㉰ 파일 드라이버
㉱ 틸트 도저

11

틸트 도저 : 배토판을 상하로 20~30° 조절가능하며 V자형 배수로, 굳은 땅, 얼어붙은 땅, 도랑 굴착작업에 적합

답 ㉱

12

건설기계에서 사용하는 유압장치의 펌프에서 소음이 발생할 때 원인으로 거리가 먼 것은?

㉮ 오일의 점도가 너무 높아서
㉯ 오일의 양이 과다해서
㉰ 펌프의 속도가 너무 빨라서
㉱ 오일 속에 공기가 들어 있어서

12

답 ㉯

13

머캐덤 롤러의 용도로 적합한 작업은?

㉮ 아스팔트의 마지막 끝마무리에 적합하다.

㉯ 고층건물의 철골 조립, 자재의 적재 운반, 항만 하역작업 등에 적합하다.

㉰ 쇄석(자갈)기층, 노상, 노반, 아스팔트 포장시 초기다짐에 적합하다.

㉱ 제설작업, 매몰작업에 적합하다.

14

다음 중 모터 스크레이퍼(자주식 스크레이퍼)의 특징에 대한 설명으로 틀린 것은?

㉮ 견인식에 비해 이동속도가 빠르다.

㉯ 험난지 작업이 곤란하다.

㉰ 견인식에 비해 작업범위가 넓다.

㉱ 볼의 용량이 6~9m^3 정도이다.

15

로더의 규격표시 방법은?

㉮ 로더의 자중(t) ㉯ 표준버킷의 무게(kgf)

㉰ 원동기의 마력(PS) ㉱ 표준버킷의 산적용량(m^3)

16

굴착력이 강력하여 견고한 지반이나 깨어진 암석 등을 준설하는데 가장 적합한 준설선은?

㉮ 버킷 준설선(bucket dredger)

㉯ 펌프 준설선(pump dredger)

㉰ 디퍼 준설선(dipper dredger)

㉱ 그랩 준설선(grab dredger)

13

머캐덤 롤러

• 2축 3륜으로 아스팔트 작업시 바퀴 흔적이 있어 선행작업에 적합

• 아스팔트 표면의 건설에 널리 사용

• 가열포장, 아스팔트 재료의 기초다짐에 적합

답 ㉰

14

답 ㉱

15

답 ㉱

16

답 ㉰

17

덤프트럭의 동력 전달 계통과 직접적인 관계가 없는 것은?

㉮ 배전기　　　　　　㉯ 변속기
㉰ 구동륜　　　　　　㉱ 클러치

18

무한궤도식 19톤 불도저가 자연상태의 초질토를 작업거리 60m로 굴삭 운반하는 경우 시간당 작업량은 몇 m³/hr인가? (단, 토량환산계수 $f=1$, 운반거리계수 $e=0.80$, 삽날의 용량 $q=3.2m^3$, 전진속도 1단 $V_1=40m/min$, 후진속도 2단 $V_2=70m/min$, 1사이클에서 기어변환에 요하는 시간은 0.33min, 작업효율은 75%임)

㉮ 32.74　　　　　　㉯ 42.87
㉰ 35.92　　　　　　㉱ 45.01

19

건설기계 관리법 시행령상 대통령령이 정하는 건설기계의 경우에는 그 건설기계의 제작 등을 한 자가 국토해양부령이 정하는 바에 따라 그 형식에 관하여 국토해양부장관에게 신고해야 한다. 이때 대통령령이 정하는 건설기계에 해당하지 않는 것은?

㉮ 불도저　　　　　　㉯ 차량식 로더
㉰ 지게차　　　　　　㉱ 무한궤도식 기중기

20

모터 그레이더에 관한 설명으로 틀린 것은?

㉮ 주된 작업장치는 블레이드(Blade)와 스캐리파이어(Scarifier)이다.
㉯ 모터 그레이더는 장비가 길고 차동장치가 없어 회전반경이 크므로 앞 타이어를 기울여서 작은 반경으로 선회가 용이하도록 하는 장치를 가지고 있다.
㉰ 블레이드의 용량(Q)은 다음과 같다.
　　Q = [블레이드 폭(m)] × [블레이드 높이(m)]²
㉱ 규격은 모터 그레이더의 중량(t)으로 표시한다.

해설 및 정답

17 답 ㉮

18

$$C_m = \frac{L}{V_1} + \frac{L}{V_2} + t$$
$$= \frac{60}{40} + \frac{60}{70} + 0.33$$
$$= 1.5 + 0.86 + 0.33 = 2.69$$
$$q = q_o \times e = 3.2 \times 0.8 = 2.56$$
$$Q = \frac{60 \cdot q \cdot f \cdot E}{C_m}$$
$$= \frac{60 \times 2.56 \times 1 \times 0.75}{2.69} = 42.87 m^3/hr$$

답 ㉯

19 답 ㉯

20 답 ㉱

21

다음 중 로더의 전경각 및 후경각의 기준으로 옳은 것은?

㉮ 전경각은 로더의 총중량이 4500kg을 초과하는 경우에는 40° 이상
이어야 하고, 4500kg 이하인 경우는 30° 이상이어야 한다.

㉯ 전경각은 로더의 총중량이 4500kg을 초과하는 경우에는 45° 이상
이어야 하고, 4500kg 이하인 경우는 35° 이상이어야 한다.

㉰ 후경각은 로더의 총중량이 4500kg을 초과하는 경우에는 40° 이상
이어야 하고, 4500kg 이하인 경우는 30° 이상이어야 한다.

㉱ 후경각은 로더의 총중량이 4500kg을 초과하는 경우에는 30° 이상
이어야 하고, 4500kg 이하인 경우는 25° 이상이어야 한다.

22

버킷용량 0.6m³의 백호 1대를 사용하여 5700m³의 기초굴삭을 할 때
작업일수는 약 며칠인가? (단, 사이클타임＝24s, 버킷계수＝0.9, 토량
환산계수＝1.0, 작업효율＝0.8, 1일 운전시간＝8시간)

㉮ 약 11.0일   ㉯ 약 15.4일

㉰ 약 18.2일   ㉱ 약 20.4일

21

로더(loader, 적재기계)

굴삭된 토사·골재·파쇄암 등을 운반기계에 싣는
데 사용되는 기계. 탄광에서 사용하는 것은 채탄
기계와 하나로 되어 있는 것이 많다. 터널공사나
갱도굴진에 쓰이는 셔블로더(페이로더)가 있다.
이 밖에 광산에서 운반과 적재에 사용하는 스크레
이퍼, 수갱(竪抗, 수직갱)에서 파내려 갈 때 쓰는
글러브버킷도 넓은 뜻의 적재기에 속한다.

• 규격 : 로더버킷의 용량(m³)
• 전경각 : 45° 이상, 후경각 : 35° 이상
• 분류

① 프런트 엔드형(Front end type) : 앞쪽에
장착된 버킷에 의하여 굴삭 및 적재로서 가장
일반적으로 사용하는 형식

② 오버 헤드형(Over head type) : 트랙터의
앞쪽에서 재료를 버킷에 담아 운전자 머리
위로 통과시켜 트랙터 뒤쪽에 적재하는 형식
즉, 광산이나 터널 등 협소한 장소에 적합하다.

③ 사이드 덤프형(Side dump type) : 버킷을
옆 방향으로 경사지게 하여 작업하는 형식으
로 운반기계와 병렬로 작업이 가능하므로 협
소한 장소에 적합하다.

④ 스윙형(Swing type) : 운전석은 고정이고
로더 앞에 부착된 버킷과 붐만이 좌우로 선
회할 수 있는 적재기계이다.

답 ㉯

22

$$Q = \frac{3600 \cdot q \cdot k \cdot f \cdot E}{cm}$$
$$= \frac{3600 \times 0.6 \times 0.9 \times 1 \times 0.8}{24} = 64.8 \text{m}^3/\text{hr}$$

$\dfrac{5700}{64.8} = 87.96\text{hr}$ 에서

$\dfrac{87.96}{8} = 10.9954 ≒ 11$ 일

 답 ㉮

23

대규모 항로 준설 등에 사용하는 것으로 선체 중앙에 진흙 창고를 설치하고 항해하면서 해저의 토사를 준설펌프로 흡상하여 진흙 창고에 적재하는 방식의 준설선은?

㉮ 그래브 준설선 ㉯ 드래그 셕션 준설선
㉰ 디피 준설선 ㉱ 버킷 준설선

23
㉮ **그래브(Grab) 준설선** : 붐 끝에 그래브를 달고 작업하므로 소규모 운하 및 항로나 정박지의 준설, 무른 토사의 기초 터파기, 흙제거 등에 사용한다.
㉯ **드래그 셕션 준설선** : 대규모 항로 준설 등에 사용하는 것으로 선체 중앙에 진흙 창고를 설치하고 항해하면서 해저의 토사를 준설펌프로 흡상하여 진흙 창고에 적재하는 방식으로 사용한다.
㉰ **디퍼 준설선** : 암(arm)과 디퍼를 달고 작업하므로 단단한 지반(토질)이나 파쇄된 암석 등을 준설하는데 사용한다. 굴착력은 준설선 중에서 가장 높으나 작업능력이 좋지 않다.
㉱ **버킷 준설선** : 해저의 토사를 일종의 버킷 콘베이어를 사용하여 연속적으로 굴착한다. 세사, 점토, 사리, 연암 등 광범위한 토질에 사용한다. 순설선 토사는 토분선(Barge : 바지)에 의하여 운반된다.
답 ㉯

24

노상 안정기의 규격은 다음 중 무엇으로 표시하는가?

㉮ 유제탱크의 용량(L) ㉯ 배송능력(kW)
㉰ 주행차대의 길이(m) ㉱ 주장(t)

24
노상 안정기(Stabilizer, 스테빌라이저)의 규격은 유체탱크의 용량($L=m^3$)으로 표시한다.
답 ㉮

25

건설기계에서 무한궤도식(craw type)과 차륜식(wheel type)을 비교할 때, 무한궤도식(craw type)의 설명으로 옳은 것은?

㉮ 토질(언약지반)의 영향을 많이 받는다.
㉯ 경사 작업에 부적당하다.
㉰ 기동성이 좋다.
㉱ 견인 능력이 우수하다.

25
무한궤도식(Crawler type)은 단위면적당 무게를 최소화하여 연약지반에서도 작업이 가능하며 작업장치는 유압력에 의하여 컨트롤 되고 견인 능력이 우수하다.
답 ㉱

26

일반적으로 기중기의 붐의 최소, 최대 제한각은 얼마인가?

㉮ 최소 제한각 : 5°, 최대 제한각 : 58°

㉯ 최소 제한각 : 10°, 최대 제한각 : 68°

㉰ 최소 제한각 : 20°, 최대 제한각 : 78°

㉱ 최소 제한각 : 30°, 최대 제한각 : 88°

27

굴삭기의 상부 프레임 지지 장치의 종류가 아닌 것은?

㉮ 롤러(roller)식

㉯ 볼 베어링(ball bearing)식

㉰ 솔리드(solid)식

㉱ 포스트(post)식

28

불도저의 진행방향에 대하여 블레이드를 임의의 각도로 기울일 수 있으며, 신설도로 작업 시 산 허리의 흙을 낮은 곳으로 밀어내는 데 편리하도록 되어 있는 것은?

㉮ 앵글 도저

㉯ 레이크 도저

㉰ U형 도저

㉱ 트리밍 도저

29

굴삭기의 작업 장치 중 유압 셔블(shovel)에 대한 설명으로 틀린 것은?

㉮ 페이스 셔블(face shovel)이라고도 한다.

㉯ 장비가 있는 지면보다 낮은 곳을 굴삭하기에 적합하다.

㉰ 산악지역에서 토사, 암반 등을 굴삭하여 트럭에 싣기에 적합한 장치이다.

㉱ 백호 버킷을 뒤집어 사용한 형상이다.

---

26 답 ㉰

27 답 ㉰

28
㉮ 앵글 도저 : 블레이드(Blade)가 진행방향에 대하여 경사져 있으며 사면 굴삭 및 매립에 유리하다.
㉯ 레이크(Rake) 도저 : 배토판 대신 레이크를 부착하여 발근용이나 지상 청소작업에 적합하다.
㉰ U형 도저 : 블레이드 형상이 U자로 되어있어 흙이 옆으로 넘치는 것을 방지한다. 운반량이 많아 운반에 유리하다.
㉱ 트리밍 도저 : 개간 정지작업에 적합하고 트랙터 앞에 V자형의 배토판을 붙여 상하이동하며 나무뿌리도 제거할 수 있다.
답 ㉮

29
유압(파워) 셔블
① 지면보다 높은 곳의 굴삭에 적합하다.
② 비교적 단단한 토질의 굴삭에 용이하다.
③ 운반기계에 적재하는 데 편리하다. 특히 석산에서 효과적으로 사용된다.
답 ㉯

30

36% Ni 성분을 지니는 Fe-Ni 합금으로 상온에서 열팽창률이 탄소강의 약 1/10에 불과하여 불변강에 해당하는 합금은?

㉮ 쾌삭강

㉯ 인바(Invar)

㉰ 단조강

㉱ 서멧(Cermet)

30

㉮ **쾌삭강** : 일반적으로 재료는 강할수록 단단해지므로 절삭하기 어려워진다. 이 때문에 강한 재료일수록 절단·절삭하여 목적에 맞는 형상으로 다듬질하기가 곤란하며, 절삭에 사용하는 바이트 등이 빨리 마멸된다. 이러한 결점을 보완하기 위해서 성분 속의 황·인의 양을 일부러 늘려서 절삭성을 개량한 강.

㉯ **인바**(Invar) : Fe 64%에 Ni 36%를 첨가하여 열팽창계수가 작은 합금을 말한다. 온도에 대해 불변이라는 뜻에서 'in(不) var(變)'라는 이름이 붙여졌다. 100°C 이하에서는 100만분의 1 전후이다. 온도의 변화에 따라서 치수가 변하면 오차가 생길 수 있는 기계에 사용하면 오차를 줄일 수 있어 정밀기계와 광학기계의 부품, 시계의 부품 등을 만드는 데에 사용된다. 인바에 Cr을 첨가하면 탄성계수가 실온 근처에서 거의 불변이므로 탄성(彈性, elasticity)과 불변(invariable)이라고 해서 '엘린바(elinvar)'라고 하며, 시계의 태엽 등에 사용된다.

㉰ **단조강** : 강괴나 강편을 고온으로 가열하고 프레스·해머·돌 등을 이용하여 두들기거나 가압하는 기계적 방법으로 소정의 모양으로 만드는 조작을 단조라고 하고, 이러한 방법으로 만들어진 강을 단강 또는 단조강이라고 한다. 각종 차량·선박·원동기 등의 부품에 이용된다.

㉱ **서멧**(Cermet) : 금속과 세라믹스의 합성이라는 뜻으로, ceramics와 metals의 머리글자 세 자씩을 연결해서 만든 명칭이다. 분말야금법으로 만들어진 금속과 세라믹스로 이루어지는 내열재료이며 수소 속이나 진공 또는 기타 적당한 분위기에서 소결한다. 세라믹스의 특성인 경도·내열성·내산화성·내약품성·내마모성과 금속의 강인성·가소성·기계적 강도 등을 함께 가진다.

답 ㉯

건설기계일반 과년도 연습문제 2회

01

36% Ni 성분을 지니는 Fe-Ni 합금으로 상온에서 열팽창률이 탄소강의 약 1/10에 불과하여 불변감에 해당하는 합금은?

㉮ 쾌삭감 ㉯ 인바(Invar)
㉰ 단조강 ㉱ 서멧(Cermet)

01

답 ㉯

02

아스팔트 피니셔에서 노면에 살포된 아스팔트 혼합재를 매끈하게 다듬질하는 판에 해당하는 것은?

㉮ 스크리드 ㉯ 리시빙 호퍼
㉰ 피더 ㉱ 스프레이팅 스크루

02

답 ㉮

03

모터그레이더의 주행동력 전달순서로 가장 적합한 것은?

㉮ 엔진(기관) → 클러치 → 변속기 → 감속기어 → 피니언 베벨기어
→ 탠덤 드라이브 → 휠
㉯ 엔진(기관) → 클러치 → 변속기 → 피니언 베벨기어 → 감속기어
→ 탠덤 드라이브 → 휠
㉰ 엔진(기관) → 클러치 → 변속기 → 감속기어 → 탠덤 드라이브 →
피니언 베벨기어 → 휠
㉱ 엔진(기관) → 클러치 → 피니언 베벨기어 → 변속기 → 감속기어
→ 탠덤 드라이브 → 휠

03

답 ㉮

04

건설기계관리법에 따라 건설기계의 소유자는 그 건설기계에 대하여 국토해양부령으로 정하는 바에 따라 국토해양부장관이 실시하는 검사를 받아야 한다. 이때 검사 대상에 해당하는 건설기계에 해당하지 않는 것은?

㉮ 정격하중 6톤 타워 크레인 ㉯ 자체중량 3톤의 로더
㉰ 무한궤도식 불도저 ㉱ 적재용량 10톤 덤프트럭

04
답 ㉱

05

1개의 안내륜(전륜)과 2개의 구동륜(후륜)을 가지고 있고, 3개의 바퀴가 삼각형 형태로 이루어져 있으며 일반적으로 중량 6~15ton, 다짐 폭 1600~2080mm이며 자갈, 모래, 흙 등을 다시는데 효과적이나 아스팔트의 마지막 다짐에는 사용하기 힘든 롤러는?

㉮ 머캐덤 롤러(macadam roller) ㉯ 탠덤 롤러(tandem roller)
㉰ 탬핑 롤러(tamping roller) ㉱ 타이어 롤러(tire roller)

05
답 ㉮

06

셔블계 굴착기의 어태치먼트에 따라 할 수 있는 작업으로 거리가 먼 것은?

㉮ 크레인 작업 ㉯ 콘크리트 포설
㉰ 어드(earth) 드릴 작업 ㉱ 기둥박기 작업

06
답 ㉯

07

도저로 작업시 슬롯 압토법(홀 송토법)을 하는 목적으로 가장 가까운 것은?

㉮ 토사를 빨리 적재하기 위하여
㉯ 토사가 흘러넘치는 것을 방지하기 위하여
㉰ 토사를 고르게 다지기 위하여
㉱ 토사 파기를 빨리 하기 위하여

07
답 ㉯

08

모터 그레이더의 중량이 47톤이다. 제동초속도가 26km/h일 때 성능 기준상 제동거리는 몇 m 이내이어야 하는가?

㉮ 6.9   ㉯ 9.0   ㉰ 11.4   ㉱ 14.6

08

답 ㉰

09

건설기계 장치에서 그 성격이 다른 것은?

㉮ 백호   ㉯ 지게차
㉰ 클램셀   ㉱ 드래그 라인

09
전부장치 : 백호, 크램셀, 드래그 라인, 셔블

답 ㉯

10

기중기(crane)의 주요 작업장치 중 트랜치 호(trench hoe)의 용도로 가장 적합한 것은?

㉮ 배수로 작업, 굴토작업, 송유관 매설작업
㉯ 건물의 기둥박기, 교량의 교주 항타작업
㉰ 토사적재, 수직굴토, 오물제거, 수중 굴착작업
㉱ 제방 및 배수로 구축작업, 토사 적재작업

10

답 ㉮

11

도로에 아스팔트 포장을 위한 기계가 아닌 것은?

㉮ 아스팔트 클리너   ㉯ 아스팔트 피니셔
㉰ 아스팔트 믹싱 플랜트   ㉱ 아스팔트 디스트리뷰터

11

답 ㉮

12

버킷(bucket) 준설선의 장점을 설명한 것으로 맞지 않는 것은?

㉮ 준설능력이 크며 대용량 공사에 적합하다.
㉯ 준설단가가 저렴하다.
㉰ 악천후나 조류 등에 강하다.
㉱ 협소한 장소에서도 작업이 용이하다.

12

답 ㉱

13

적재(積載) 능력이 없는 건설기계는?

㉮ 로더
㉯ 지게차
㉰ 덤프트럭
㉱ 탠덤 롤러

14

롤러의 규격을 표시하는 방법은?

㉮ 선압(線壓)
㉯ 다짐폭(幅)
㉰ 엔진출력(出力)
㉱ 중량(重量)

15

건설산업기본법에 따라 건설업의 업종 구분을 종합공사를 시공하는 업종과 전문공사를 시공하는 업종으로 구분할 때 전문공사를 시공하는 업종에 해당하는 건설업종은?

㉮ 토목공사법
㉯ 토공사업
㉰ 산업·환경설비 공사업
㉱ 조경공사업

16

짐칸을 뒤쪽으로 기울게 하여 짐을 부리는 트럭으로, 토목공사에 가장 많이 사용되는 것은?

㉮ 사이드(side)덤프 트럭
㉯ 리어(rear)덤프 트럭
㉰ 다운(down)덤프 트럭
㉱ 버텀(bottom)덤프 트럭

17

굴삭기의 상부 프레임지지 장치의 종류가 아닌 것은?

㉮ 롤러(roller) 식
㉯ 볼 베어링(ball bearing) 식
㉰ 솔리드(solid) 식
㉱ 포스트(post) 식

18

조향장치에서 조향력을 바퀴에 전달하는 부품 중에 바퀴의 토(toe) 값을 조정할 수 있는 것은?

㉮ 피트만 암(pitman arm) ㉯ 너클 암(knuckle arm)

㉰ 드래그 링크(drag link) ㉱ 타이로드(tie rod)

18

답 ㉱

19

크레인 붐에 부속장치를 붙이고 드롭 해머나 디젤해머 등을 사용하여 말뚝박기 작업에 이용되는 것은?

㉮ 콘크리트 버킷(concrete bucket)

㉯ 파일 드라이버(pile driver)

㉰ 마그넷(magnet)

㉱ 어스 드릴(earth drill)

19

답 ㉯

20

블레이드의 폭이 3m이고 높이가 0.9m인 불도저에서 블레이드의 용량(m³)은 얼마인가?

㉮ 1.75 ㉯ 2.43

㉰ 7.29 ㉱ 8.10

20

$Q = b \cdot h^2 = 3 \times 0.9^2 = 2.43 \text{m}^3$

답 ㉯

21

견인식 스크레이퍼의 작업거리는 일반적으로 약 몇 m 정도인가?

㉮ 50~500m ㉯ 500~1000m

㉰ 1000~2000m ㉱ 2000m 이상

21

견인식 : 100m 이내~500m
전동식 : 500~1500m
덤프트럭 : 1500m 이상

답 ㉮

22

파일해머의 종류가 아닌 것은?

㉮ 드롭 해머 ㉯ 디젤 해머

㉰ 진동 해머 ㉱ 탬핑 콤팩트 해머

22

답 ㉱

23

유압식 셔블계 굴삭기에 사용되는 작업장치 중 작업반경이 크고 작업장소보다 낮은 장소의 굴삭에 주로 사용되며 하천 보수나 수중 굴착에 적합한 장치는?

㉮ 파워 셔블　　　　　　㉯ 드래그라인
㉰ 엑스카베이터　　　　　㉱ 클램셸

23

답 ㉯

24

건설기술관리법에 건설기술자가 건설기술경력증을 불법 대여할 경우 받게 될 벌칙은?

㉮ 1년 이하의 징역 또는 500만원 이하의 벌금
㉯ 건설업 등록 말소
㉰ 5년 이하의 징역 또는 1000만원 이하의 벌금
㉱ 3년 이하의 징역 또는 1000만원 이하의 벌금

24

답 ㉮

25

불도저의 종류를 블레이드 설치방식에 의해 분류할 때 여기에 해당되지 않는 것은?

㉮ 스트레이트 도저　　　㉯ 앵글 도저
㉰ 틸트 도저　　　　　　㉱ 아스팔트 도저

25

답 ㉱

26

다이렉트 드라이브 변속기가 장착된 무한궤도식 불도저가 작업 중에 과부하로 인하여 작업속도가 급격히 떨어졌으나 엔진 회전속도는 저하되지 않았다고 하면 우선 점검할 장치는?

㉮ 내연기관(engine)
㉯ 메인 클러치(main clutch)
㉰ 변속기(transmission)
㉱ 최종 구동장치(final drive system)

26

답 ㉯

27

강판제의 중공(中空) 드럼의 외주에 여러 개의 돌기가 있으며, 주로 피견인식이 많이 사용되는 롤러(Roller)는?

㉮ 탬핑 롤러　　　　　　　㉯ 머캐덤 롤러

㉰ 타이어 롤러　　　　　　㉱ 진동 롤러

27

답 ㉮

28

불도저에서 견인 마찰계수를 0.3, 차량의 자체 중량이 4.5톤(ton)이라 할 때 견인력은 몇 kgf인가?

㉮ 1150　　　　　　　　　㉯ 1350

㉰ 1550　　　　　　　　　㉱ 2150

28

견인력 $= \mu W = 0.3 \times 4500 = 1350 kg$

답 ㉯

29

크레인용 케이블의 설명으로 맞는 것은?

㉮ 와이어 로프는 보통 클립에 의한 고정법과 소켓에 의한 고정법을 사용한다.

㉯ 와이어 로프 꼬임 방향은 Z꼬임(오른꼬임)과 S꼬임이 있으며, Z꼬임은 특별한 경우 사용한다.

㉰ 와이어 로프는 직경대비 17% 이상 감소하면 교환한다.

㉱ 와이어 로프에는 CG 또는 GAA를 주로 주유하여 사용한다.

29

답 ㉮

30

아스팔트 믹싱플랜트의 생산능력 단위는?

㉮ m^2/h　　　　　　　　㉯ m^3/h

㉰ m^3　　　　　　　　　㉱ ton/s

30

아스팔트 믹싱플랜트의 생산능력 : m^3/h
콘크리트 플랜트 : ton/s

답 ㉯

건설기계일반 과년도 연습문제 3회

01

스크레이퍼의 부품명칭이 아닌 것은?

㉮ 커팅 에지(Cutting edge) ㉯ 탠덤 드라이브(Tandem drive)

㉰ 에이프런(Apron) ㉱ 이젝터(Ejector)

02

건설기계에서 사용하는 유압장치의 펌프에서 소음이 발생할 때 원인으로 거리가 먼 것은?

㉮ 윤활유의 점도가 너무 높아서

㉯ 윤활유의 양이 과다해서

㉰ 펌프이 속도가 너무 빨라서

㉱ 오일 속에 공기가 들어 있어서

03

덤프트럭의 동력 전달 계통과 직접적인 관계가 없는 것은?

㉮ 배전기 ㉯ 변속기 ㉰ 구동륜 ㉱ 클러치

04

무한궤도식 건설기계의 주행장치에서 하부 구동체(under carriage)의 구성품이 아닌 것은?

㉮ 트랙롤러(track roller)

㉯ 캐리어 롤러(carrier roller)

㉰ 스프로켓(sprocket)

㉱ 클러치 요크치(clutch york)

해설 및 정답 ㉮㉯㉰㉱

01 **답** ㉯

02 **답** ㉯

03 **답** ㉮

04 **답** ㉱

05

건설기계의 규격을 표시할 때, 그 규격단위가 톤/시간(ton/hr)인 것은?

㉮ 콘크리트 뱃칭 플랜트　　㉯ 콘크리트 피니셔
㉰ 모터 그레이더　　　　　　㉱ 콘크리트 스프레더

06

건설기계관리법 시행령 상 대통령령이 정하는 건설기계의 경우에는 그 건설기계의 제작 등을 한 자가 국토해양부령이 정하는 바에 따라 그 형식에 관하여 국토해양부장관에게 신고해야 한다. 이 때 대통령령이 정하는 건설기계에 해당하지 않는 것은?

㉮ 불도저　　　　　㉯ 차량식 로더
㉰ 지게차　　　　　㉱ 무한궤도식 기중기

07

버켓 준설선에 관한 설명으로 옳지 않은 것은?

㉮ 버켓의 연결방식에 따라 연속식과 단속식으로 나누어진다.
㉯ 최근에는 연속식이 많이 사용된다.
㉰ 해저의 토사를 버켓 컨베이어로 연속적
㉱ 협소한 장소에서도 작업이 용이하다.

08

모터 그레이더에서 사용하는 리이닝 장치란?

㉮ 앞바퀴를 좌우로 경사시키는 장치
㉯ 스캐리파이어를 작동시키는 장치
㉰ 큰 전인력을 얻기 위해 저압 타이어를 사용하는 장치
㉱ 블레이드를 올리고 내리는 장치

05

답 ㉮

06

답 ㉯

07

답 ㉱

08

답 ㉮

09

플랜트 기계설비에 사용되는 티타늄과 그 합금에 관한 설명으로 틀린 것은?

㉮ 가볍고 강하며 녹슬지 않는 금속이다.

㉯ 티타늄 합금은 실용 금속 중 최고 수준의 기계적 성질과 금속학적 특성이 있다.

㉰ 석유화학 공업, 합성섬유 공업, 유기약품 공업에서는 사용할 수 없다.

㉱ 생체와의 친화성이 대단히 좋고, 알레르기도 거의 일어나지 않아 의치, 인공뼈 등에도 이용된다.

10

삽 또는 버킷에 흙을 퍼 담는 작업과 하부 추진체의 전진 또는 후진 운동에 해당되는 크레인의 기본 동작은 각각 무엇인가?

㉮ 크라우드(crowd), 리트랙트(retract)

㉯ 리트렉트(retract), 덤프(dump)

㉰ 크라우드(crowd), 트레벨(travel)

㉱ 트레벨(travel), 스윙(swing)

11

굴삭기의 작업 범위와 관계 없는 것은?

㉮ 최대 굴삭 깊이   ㉯ 최대 굴삭 반지름

㉰ 최대 펌프 높이   ㉱ 최대 지상고

12

다음 설명에 가장 적합한 굴삭기계는?

ⓐ 굴삭기가 위치한 지면보다 낮은 곳을 굴삭하는 데 적합하다.
ⓑ 정확한 굴삭작업은 기대할 수 없지만 굴삭반경이 커 굴삭지역이 넓다.
ⓒ 수중굴착, 모래 채취와 같이 단순한 굴착 작업에 많이 사용한다.

㉮ 백 호우(back hoe)   ㉯ 클램 셸(clamshell)

㉰ 드래그 라인(drag line)   ㉱ 파워 셔블(power shovel)

09

답 ㉰

10

답 ㉰

11

굴삭기 작업범위 : 굴삭 반경, 깊이, 높이

답 ㉰

12

답 ㉰

13

불도저의 시간당 작업량 산정식으로 옳은 것은? (단, Q : 시간당작업량(m³/hr), Q : 토공판 영량(m³), F : 토량환산계수, E : 작업효율, C_m : 1회 싸이클 시간(분))

㉮ $Q = \dfrac{60 \cdot q \cdot f \cdot E}{C_m}$

㉯ $Q = \dfrac{60 \cdot q \cdot f \cdot E}{C_m \cdot E}$

㉰ $Q = \dfrac{C_m}{60 \cdot q \cdot f \cdot E}$

㉱ $Q = \dfrac{C_m \cdot E}{60 \cdot q \cdot f}$

14

도저의 주행장치에서 차륜식과 비교한 무한궤도식의 특징 설명으로 틀린 것은?

㉮ 토질의 영향을 적게 받는다.

㉯ 연약지반에서 작업이 용이하다.

㉰ 경사지에서 작업이 용이하다.

㉱ 작업속도가 빠르다.

15

건설기계 기관에서 윤활유의 역할이 아닌 것은?

㉮ 밀봉 작용

㉯ 냉각 작용

㉰ 세척 작용

㉱ 응착 작용

16

모터그레이더에서 작업장치에 무리한 힘이 가해지면 스스로 파괴되어 장비를 보호하는 역할을 하는 장치는?

㉮ 시어 핀(shear pin)

㉯ 탠덤 드라이브(tandem drive)

㉰ 스캐리파이어(scarifier)

㉱ 스로바(throw bar)

13

작업량 산출 $Q = \dfrac{q \cdot f \cdot E}{C_m}$

답 ㉮

14

무한궤도식의 특징
- 등판능력이 좋고
- 늪지대 작업가능하고
- 포장도로에서 작업불가

답 ㉱

15

윤활유 역할 : 밀봉, 냉각, 세척, 응력분산

답 ㉱

16

Shear Pin : teeth를 보호하기 위한 전단핀

답 ㉮

17

트랙터 셔블의 1시간당 적재 작업량(m^3/h)은? (단, 버킷용량 $1.0m^3$, 버킷계수 1.0, 1회 사이클타임 45초, 토량 환산계수 1.0, 작업효율 0.75이다.)

㉮ 40   ㉯ 60   ㉰ 90   ㉱ 125

18

크레인의 작업장치 중 배수로 작업, 매몰작업, 굴토 작업 등에 가장 적합한 것은?

㉮ Hook   ㉯ Pile drive   ㉰ Boom   ㉱ Trench hoe

19

건설기술관리법에 따르면 200억 이상 건설공사로서 감리전문회사로 하여금 전면책임감리를 하는 공종에 해당하지 않는 것은?

㉮ 발전소건설공사   ㉯ 에너지저장시설공사
㉰ 하수종말처리시설공사   ㉱ 원자력시설공사

20

유압펌프의 분류에서 회전펌프에 속하지 않는 것은?

㉮ 기어펌프   ㉯ 베인펌프
㉰ 피스톤펌프   ㉱ 나사펌프

21

댐 공사시 콘크리트나 자재 운반용으로 가장 적합한 크레인의 종류는?

㉮ 드래그 크레인(Drag Crane)
㉯ 유압 크레인(Hydraulic Crane)
㉰ 가이데릭 크레인(Guy Derrick Crane)
㉱ 케이블 크레인(Cable Crane)

해설 및 정답 ㉮㉯㉰㉱

17

$$Q = \frac{0.75 \times 1 \times 1 \times 3600}{45} = 60 m^3 / h$$

답 ㉯

18

답 ㉱

19

답 ㉱

20

피스톤 펌프 : 왕복펌프

답 ㉰

21

답 ㉱

22

아스팔트 피니셔(asphalt finisher)에서 아스팔트 혼합재를 균일한 두께로 다듬질 하는 기구는?

㉮ 스크리드(screed)　　㉯ 호퍼(hopper)
㉰ 피더(feeder)　　㉱ 드라이어(dryer)

22

답 ㉮

23

크레인 붐에 설치되며 말뚝박기 작업에 이용되고, 붐에 리더, 스트랩, 해머, 로프 등으로 구성되는 건설기계는?

㉮ 백 호우(back hoe)　　㉯ 클램셀(clamshell)
㉰ 파일 드라이버(pile driver)　　㉱ 드래그 라인(drag line)

23

답 ㉰

24

밸브, 해머, 로드, 비트 등으로 구성되어 충격 에너지를 로드 끝의 비트를 통해 암석을 착암하는 것은?

㉮ 싱커(sinker)　　㉯ 롤(roll)
㉰ 드릴(drill)　　㉱ 로드 밀(갱 mill)

24

답 ㉮

25

공기압축기의 압축공기 생산량을 표시하는 단위에 해당하는 것은

㉮ m³/min　㉯ C·P·S　㉰ Ib/m³　㉱ Ib/min

25
분당공기 생산량

답 ㉮

26

불도저에서 견인시의 마찰계수를 0.4, 차량중량을 5000kgf라 할 때 견인력은 몇 kgf인가?

㉮ 2000　㉯ 2500　㉰ 3000　㉱ 5000

26
$F = \mu W = 0.4 \times 5000 = 2000 \text{kgf}$

답 ㉮

27

건설업자 및 주택건설등록업자는 건설공사의 안전을 확보하기 위하여 안전점검 및 안전관리조직 등 건설공사의 안전관리계획을 수립해야 하는데 이에 해당하지 않는 공사는?

㉮ 시설물의 안전관리에 관한 특별법 제2조 제2호 및 제3호의 규정에 의한 1종 및 2종 시설물의 건설공사

㉯ 지하 5m 이상을 굴착하는 건설공사

㉰ 폭발물을 사용하는 건설공사로서 20m 안에 시설물이 있거나 100m안에 양육하는 가축이 있어서 당해 건설공사로 인한 영향을 받을 것이 예상되는 건설공사

㉱ 10층 이상 16층 미만인 건축물의 건설공사

27

답 ㉯

28

굴착력이 강력하여 견고한 지반이나 깨어진 암석 등을 준설하는데 가장 적합한 준설선은?

㉮ 버킷 준설선(bucket dredger)

㉯ 펌프 준설선(pump dredger)

㉰ 디퍼 준설선(dipper dredger)

㉱ 그랩 준설선(grab dredger)

28

답 ㉰

29

전압식(電壓式) 롤러(roller)에 해당하지 않는 것은?

㉮ 머캐덤 롤러(machadam roller) ㉯ 타이어 롤러(tire roller)

㉰ 탬핑 롤러(tamping roller) ㉱ 탬퍼(tamper)

29

답 ㉱

30

불도저의 부속장치(attachment) 중 굳고 단단한 지반에서 블레이드(blade)로는 굴착이 곤란한 지반이나, 포장의 분쇄, 뿌리뽑기 등에 사용하는 것은?

㉮ back hoe ㉯ skit loader

㉰ towing winch ㉱ hydraulic ripper

30

답 ㉱

건설기계일반 과년도 연습문제 4회

01

다음 중 모터 그레이더에서 앞바퀴를 좌우로 경사시켜 회전 반지름을 작게 하기 위해 설치하는 것은?

㉮ 클러치 ㉯ 리이닝 장치

㉰ 브레이크 장치 ㉱ 감속 장치

01

답
㉯㉯㉮
㉮㉰㉯
㉯㉰㉱

02

백호, 크램셸, 드래그 라인 등의 작업량 산정식으로 옳은 것은?
(단, Q : 시간당 작업량[m³/hr], q : 버킷용량[m³], f : 토량환산계수, E : 작업효율, K : 버킷계수, C_m : 1회 사이클시간[sec])

㉮ $Q = \dfrac{C_m \cdot q}{3600 \cdot K \cdot f \cdot E}$ ㉯ $Q = \dfrac{3600 \cdot q \cdot K \cdot f \cdot E}{C_m}$

㉰ $Q = \dfrac{3600 \cdot q \cdot K \cdot f}{C_m \cdot E}$ ㉱ $Q = \dfrac{C_m \cdot E}{3600 \cdot q \cdot K \cdot f}$

02

작업량 $w \propto \dfrac{1}{C_m(\text{cycle time})}$

답 ㉯

03

주철을 강과 비교하였을 때 주철이 갖는 일반적인 특징으로 맞는 것은?

㉮ 진동에너지를 흡수하는 감쇠능이 높다.

㉯ 인장강도가 크다.

㉰ 충격값이 현저히 크다.

㉱ 내마모성이 떨어진다.

03

답 ㉯

04

시가지의 큰 건물이나 구조물 등의 기초공사 작업시, 소음과 진동이 작고 큰 지름의 깊은 구멍을 뚫는 데 가장 적합한 굴착 기계는?

㉮ 어스 드릴(earth drill) ㉯ 어스 오거(earth auger)
㉰ 크레인(crane) ㉱ 드래그 라인(drag line)

04
답 ㉮

05

다음 중 전방에 장치된 버켓이 조종석 위를 통과하여 기계 후방에서 적재 작업을 하는 기계로 터널 공사 및 광산 등에서 많이 사용하는 기계는?

㉮ 프런드 엔드(front end) 로더 ㉯ 사이드 덤프(side dump) 로더
㉰ 오버 헤드(over head) 로더 ㉱ 스윙(swing) 로더

05
답 ㉮

06

철강에 Cr 또는 Ni을 다량 첨가하여 내식성을 현저히 향상시킨 것으로 불수강이라고도 불리는 것은?

㉮ 탄소강 ㉯ 스테인리스강
㉰ 순철 ㉱ 주철

06
답 ㉯

07

건설기계기사가 시공 감리하는 지하 주차장 환기설비에서 주차장에 설치되어 주차장의 급·배기 팬을 연동 제어하는 설비로 가장 적합한 것은?

㉮ 운전자 검출기 ㉯ 일산화탄소(CO) 검출기
㉰ 온도 검출기 ㉱ 습도 검출기

07
답 ㉯

08

무한궤도식 불도저의 일반적 동력전달계통에 속하지 않는 것은?

㉮ 변속기 ㉯ 유도륜
㉰ 조향클러치 ㉱ 구동륜

08
답 ㉯

09

건설플랜트용 공조설비를 건설할 때 합성섬유의 방사, 사진필름 제조, 정밀기계 가공공정과 같이 일정온도와 일정습도를 유지할 필요가 있는 경우 적용하여야 하는 설비는?

㉮ 난방설비
㉯ 배기설비
㉰ 항온항습설비
㉱ 제빙설비

10

다음 중 아스팔트 포장의 끝마무리 표층다짐에 가장 적합한 롤러는?

㉮ 타이어식 롤러
㉯ 진동 롤러
㉰ 탬핑 롤러
㉱ 탠덤 롤러

11

도로, 비행장 등 대규모의 성토작업에 사용하며 흙덩어리 또는 암석을 파쇄하는 역할도 하는 다짐기계는?

㉮ 머캐덤 롤러(macadam roller)
㉯ 탠덤 로우드 롤러(tandem load roller)
㉰ 탬핑 롤러(tamping roller)
㉱ 템퍼(tamper)

12

플랜트 배관설비에서 열응력이 주요 요인이 되는 경우의 파이프 래크상의 배관 배치에 관한 설명으로 틀린 것은?

㉮ 루프형 신축 곡관을 많이 사용한다.
㉯ 온도가 높은 배관일수록 내측(안쪽)에 배치한다.
㉰ 관 지름이 큰 것일수록 외측(바깥쪽)에 배치한다.
㉱ 루프형 신축 곡관은 파이프 래크상의 다른 배관보다 500~700mm 정도 높게 배치한다.

09
답 ㉯

10
• 선행작업 : 머캐덤
• 끝마무리 : 탠덤롤러
답 ㉱

11
답 ㉰

12
답 ㉯

13

도저에서 캐리어 롤러(carrier roller)의 역할은?

㉮ 트랙 아이들러와 스프로킷 사이에서 트랙이 처지는 것을 방지하는 동시에 트랙의 회전위치를 정확하게 유지하는 일을 한다.

㉯ 스프로킷에 의한 트랙의 회전을 정확하게 유지하기 위한 것이다.

㉰ 최종 구동기어 위치와 스프로킷 안쪽이 접촉하여 최종구동의 동력을 트랙으로 전해주는 역할을 한다.

㉱ 강판을 겹쳐 만들어 트랙터 앞부분의 중량을 받는다.

13

답 ㉮

14

건설기계 중 립퍼(Ripper)의 용도가 아닌 것은?

㉮ 나무 뿌리 파기   ㉯ 흙 밀어 내기

㉰ 돌 뽑아 주기   ㉱ 아스팔트 파괴작업

14

답 ㉯

15

높은 탑 위에 자유로이 360° 선회가 가능한 크레인으로 작업반경이 넓고 주로 높이를 필요로 하는 중, 고층 건축 현장에 많이 사용되는 것은?

㉮ 케이블 크레인(cable crane)   ㉯ 데릭 크레인(derrick crane)

㉰ 타워 크레인(tower crane)   ㉱ 휠 크레인(wheel crane)

15

답 ㉰

16

플랜트 설비용 압력배관용 탄소강관의 스케줄 번호를 가장 잘 설명한 것은?

㉮ 배관 허용압력(kgf/mm²)을 관재료의 사용응력(kgf/mm²)으로 나눈 값에 100을 곱한 값으로 구한다.

㉯ 동일 호칭지름에서는 스케줄 번호는 커질수록 관 바깥지름이 작아진다.

㉰ 동일 호칭지름에서는 스케줄 번호는 커질수록 관 두께가 두꺼워진다.

㉱ 스케줄 번호는 10, 20, 40, 80 등으로 표현하고 두께와는 상관없다.

16

답 ㉰

17

플랜트 기계설비용 알루미늄계 재료의 특징으로 틀린 것은?

㉮ 내식성이 양호하다.　　　㉯ 열과 전기의 전도성이 나쁘다.

㉰ 가공성, 성형성이 양호하다.　㉱ 빛이나 열의 반사율이 높다.

17
답 ㉯

18

건설공사의 조사, 설계, 시공, 감리, 유지관리, 기술관리 등에 관한 기본적인 사항과 건설업의 등록, 건설공사의 도급에 관하여 필요한 사항을 규정한 법은?

㉮ 건설기술관리법　　　㉯ 건설산업기본법

㉰ 산업안전보건법　　　㉱ 건설기계관리법

18
답 ㉯

19

조향장치에서 조향력을 바퀴에 전달하는 부품 중에 바퀴의 토(toe) 값을 조정할 수 있는 것은?

㉮ 피트만 암(pitman arm)　　㉯ 너클 암(knuckle arm)

㉰ 드래그 링크(drag link)　　㉱ 타이로드(tie rod)

19
답 ㉱

20

다이렉트 드라이브 변속기가 장착된 무한궤도식 불도저가 작업중에 과부하로 인하여 작업속도가 급격히 떨어졌으나 엔진 회전 속도는 저하되지 않았다고 하면 우선 점검할 장치는?

㉮ 내연 기관(engine)

㉯ 메인 클러치(main clutch)

㉰ 변속기(transmission)

㉱ 최종 구동장치(final drive system)

20
답 ㉯

21

다음 중 잡목이나 작은 나무뿌리를 뽑아 제거하는 작업에 편리한 장비는?

㉮ 앵글 도저　　　㉯ 틸트 도저

㉰ 레이크 도저　　　㉱ 스트레이트 도저

21
답 ㉰

22

로드 롤러(road roller)의 동력전달 순서로 옳은 것은?

㉮ 엔진 → 변속기 → 주클러치 → 전후진기어 → 구동바퀴
㉯ 엔진 → 주클러치 → 변속기 → 전후진기어 → 구동바퀴
㉰ 엔진 → 변속기 → 주클러치 → 유체커플링 → 구동바퀴
㉱ 엔진 → 주클러치 →변속기 → 구동바퀴 → 유체커플링

22 답 ㉯

23

건설기술관리법에 건설기술자가 건설기술경력증을 불법 대여할 경우 받게 될 벌칙은?

㉮ 1년 이하의 징역 또는 500만 원 이하의 벌금
㉯ 건설업 등록 말소
㉰ 5년 이하의 징역 또는 1,000만 원 이하의 벌금
㉱ 3년 이하의 징역 또는 1,000만 원 이하의 벌금

23 답 ㉮

24

건설산업기본법에 따르면 발전·가스 및 산업설비에서 10kgf/cm^2 이상의 고압가스 관로공사의 하자담보책임 기간은?

㉮ 7년　　㉯ 5년　　㉰3년　　㉱ 2년

24 답 ㉯

25

한국산업규격에 따른 압력 배관용 탄소강관의 기호는?

㉮ SPPS　　㉯ SGP　　㉰ SPP　　㉱ STS

25 답 ㉮

26

굴삭기계가 아닌 것은?

㉮ 파워 셔블　　㉯ 드래그 라인
㉰ 싱커　　㉱ 클램셸

26 답 ㉰

해설 및 정답 ㉮㉯㉰㉱

27

다음은 건설기계의 규격을 설명한 것이다. 잘못된 것은?

㉮ 아스팔트 피니셔(asphalt finisher) : 시공할 수 있는 표준 폭[m]

㉯ 아스팔트 믹싱 플랜트(asphalt mixing plant) : 혼합용기 내에서 1회 혼합할 수 있는 아스팔트 생산량[m³]

㉰ 아스팔트 살포기(asphalt distributor) : 탱크용량[m³]

㉱ 콘크리트 펌프(concrete pump) : 시간당 배송능력[m³/h]

27 답 ㉯

28

다짐기계의 종류 중 충격력을 이용하여 다지는 기계는 다음 중 어느 것인가?

㉮ 래머 ㉯ 탠덤 롤러

㉰ 탬핑 롤러 ㉱ 머캐덤 롤러

28 답 ㉮

29

건설산업기본법에서 사용하는 용어 중 "건설공사"의 정의가 아닌 것은?

㉮ 산업설비 시설물을 설치·유지·보수하는 공사

㉯ 환경 시설물을 설치·유지·보수하는 공사

㉰ 기계설비 기타 구조물의 설치 및 해체공사

㉱ 「소방시설공사업법」에 따른 소방시설공사

29 답 ㉱

30

항만 공사 등에 사용하는 준설선을 형식에 의하여 분류하는 방식이 아닌 것은?

㉮ 디젤(diesel)식 ㉯ 디퍼(dipper)식

㉰ 버킷(bucket)식 ㉱ 펌프(pump)식

30 답 ㉮

건설기계일반 과년도 연습문제 5회

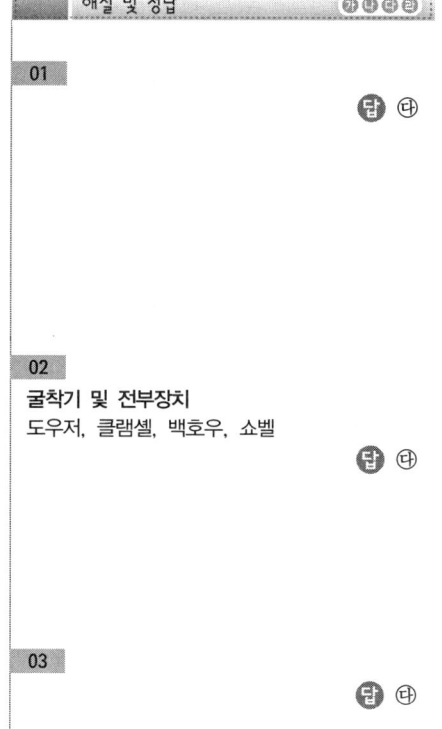

01

도저의 규격은?

㉮ 적재톤　　　　　㉯ 동력

㉰ 자중　　　　　　㉱ 블레이드 길이

02

굴삭기계가 아닌 것은?

㉮ 백호우　　　　　㉯ 불도저

㉰ 스토퍼　　　　　㉱ 클램셸

03

아스팔트 피니셔의 주요 구성요소들 중 탬퍼로 다져진 혼합재를 균일한 두께로 다듬질하는 장치는?

㉮ 호퍼(hopper)　　　㉯ 피더(feeder)

㉰ 스크리드(screed)　　㉱ 기관(engine)

04

흡파 준설선이라고 하며, 준설선 자체의 토창을 가지고 펌프로 흡입된 토사와 물을 토창에 받아 보내는 장소까지 자항하여 보내고, 다시 제자리로 돌아와 작업을 하는 것은?

㉮ 비항펌프 준설선　　㉯ 자항펌프 준설선

㉰ 버킷 준설선　　　　㉱ 그랩 준설선

해설 및 정답

01

　답 ㉱

02
굴착기 및 전부장치
도우저, 클램셸, 백호우, 쇼벨

　답 ㉯

03

　답 ㉰

04

　답 ㉯

05

콘크리트 뱃칭 플랜트의 규격으로 옳은 것은?

㉮ 콘크리트의 시간당 생산량(ton/hr)

㉯ 콘크리트의 분당 생산량(m^3/min)

㉰ 시공할 수 있는 표준 폭(m)

㉱ 콘크리트의 탱크의 용량(리터)

05

콘크리트 플랜트의 규격은 ton/hr이고, 아스팔트 플랜트의 규격은 m^3/hr이다.

답 ㉮

06

콘크리트 믹서트럭의 규격으로 가장 적합한 것은?

㉮ 콘크리트를 생산하는 시간(시간)

㉯ 혼합 또는 교반 장치의 1회 작업 능력(입방미터)

㉰ 콘크리트 믹서트럭의 작업수(횟수)

㉱ 유제 탱크의 용량(리터)

06

답 ㉯

07

다음 중 운반기계에 속하는 것은?

㉮ 벨트 컨베이어(Belt conveyor)

㉯ 콘크리트 스트레더(Concrete spreader)

㉰ 아스팔트 플랜트(Asphalt plant)

㉱ 아스팔트 피니셔(Asphalt finisher)

07

답 ㉮

08

덤프트럭(dump truck)의 동력전달계통이 아닌 것은?

㉮ 클러치

㉯ 트랜스미션

㉰ 분할·장치

㉱ 차동기어 장치

08

답 ㉰

09

로드 롤러(road roller)를 축의 배열과 바퀴의 배열로 구분할 때 머캐덤 (macadam) 롤러에 해당되는 것은?

㉮ 1축 1륜 ㉯ 1축 2륜

㉰ 2축 3륜 ㉱ 3축 3륜

10

셔블 굴착기에서 올바른 작업량의 산출식은? (단, Q : 운전시간당 작업량, q : 디퍼의 공칭용량, k : 디퍼계수, E : 작업효율, f : 토량환산계수, C_m : 사이클 타임)

㉮ $Q = \dfrac{3600q \cdot k \cdot f}{C_m \cdot E} [\text{m}^3/\text{hr}]$ ㉯ $Q = \dfrac{3600q \cdot k \cdot f \cdot E}{C_m} [\text{m}^3/\text{hr}]$

㉰ $Q = \dfrac{q \cdot k \cdot E \cdot f}{3600 C_m} [\text{m}^3/\text{hr}]$ ㉱ $Q = \dfrac{3600q \cdot k}{C_m \cdot f \cdot E} [\text{m}^3/\text{hr}]$

11

골재공급장치, 건조가열장치, 믹서 및 아스팔트공급장치 등이 일조 또는 수조로 되어 있는 아스팔트 믹싱 플랜트(asphalt mixing plant) 의 규격으로 옳은 것은?

㉮ 아스팔트 콘크리트의 시간당 생산능력(m³/hr)
㉯ 포설할 수 있는 표준 포장 너비(m)
㉰ 아스팔트 탱크의 용량(l)
㉱ 혼합 또는 교반의 1회 작업 능력(m³)

12

아스팔트 혼합재를 노반 위에 소정의 포장 폭으로 균일하게 깔고, 규정의 두께로 포장하는 작업 기계는?

㉮ 로우더 ㉯ 아스팔트 피니셔
㉰ 지게차 ㉱ 아스팔트 분배기

09
• 머캐덤 롤러 : 2축 3륜
• 탠덤 롤러 : 2축 2륜, 3축 3륜

답 ㉰

10
작업량 $Q = \dfrac{q \cdot k \cdot E \cdot f}{\text{Cycle time}(C_m)}$

답 ㉯

11

답 ㉮

12

답 ㉯

13

자주식 로드 롤러(road roller)를 축과 바퀴의 배열에 따라 분류할 때
일반적인 종류가 아닌 것은?

- ㉮ 1축 1륜
- ㉯ 2축 2륜
- ㉰ 2축 3륜
- ㉱ 3축 3륜

14

회전식 공기압축기의 설명으로 틀린 것은?

- ㉮ 공기의 흐름이 원활하게 되어 큰 공기탱크가 필요 없다.
- ㉯ 왕복식에 비하여 고속이 가능하다.
- ㉰ 기동 토크가 작아 클러치가 필요 없다.
- ㉱ 배출 공기의 온도가 왕복식보다 높다.

15

모터 그레이더의 규격 표시로 가장 적합한 것은?

- ㉮ 스캐리파이어(Scarifier)의 발톱(teeth) 수로 나타낸다.
- ㉯ 엔진정격 마력을 HP로 나타낸다.
- ㉰ 표준 배토판의 길이(m)로 나타낸다.
- ㉱ 전륜간 거리로 나타낸다.

16

크레인 붐에 부속장치를 붙이고 드롭해머나 디젤해머 등을 사용하여
말뚝박기 작업에 이용되는 것은?

- ㉮ 콘크리트 버킷(concrete bucket)
- ㉯ 파일 드라이버(pile driver)
- ㉰ 마그넷(magnet)
- ㉱ 어스 드릴(earth drill)

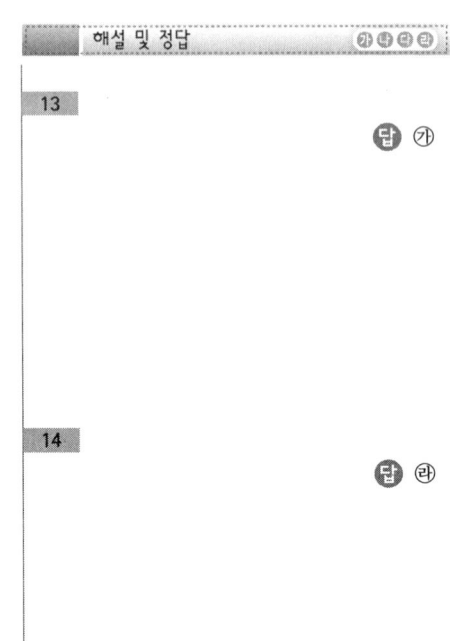

해설 및 정답 ㉮㉯㉰㉱

13

답 ㉮

14

답 ㉱

15

모터 그레이더의 규격은 블레이드의 길이이다.

답 ㉰

16

답 ㉯

17

도우저의 작업장치별 분류에서 나무뿌리 뽑기, 잡목 등을 제거하며 굳은 땅 파헤치기, 암석 제거 등에도 쓰이는 것은?

㉮ 트리밍 블레이드(trimming blade)

㉯ 푸시 블레이드(push blade)

㉰ 스노우 블레이드(snow blade)

㉱ 레이크 블레이드(rake blade)

17

답 ㉱

18

모터 그레이더의 주행동력 전달순서로 가장 적합한 것은?

㉮ 엔진(기관) → 클러치 → 변속기 → 삼속기어 → 피니언 베벨기어 → 탠덤 드라이브 → 휠

㉯ 엔진(기관) → 클러치 → 변속기 → 피니언 베벨기어 → 감속기어 → 탠덤 드라이브 → 휠

㉰ 엔진(기관) → 클러치 → 변속기 → 감속기어 → 탠덤 드라이브 → 피니언 베벨기어 → 휠

㉱ 엔진(기관) → 클러치 → 피니언 베벨기어 → 변속기 → 감속기어 → 탠덤 드라이브 → 휠

18

답 ㉮

19

0.5cm³ 파워 셔블 1대와 5ton 펌프 트럭을 조합시켜 굴착운반을 하는 공사에서, 디퍼의 공칭용량 $q=0.6m^3$, 디퍼계수 $k=0.7$, 토량환산계수 $f=0.9$, 작업효율 $E=0.8$, 사이클 타임 $C_m=30$초 일 때, 파워 셔블의 시간당 이론 작업량은 몇 m³/hr 정도인가?

㉮ 12.2 ㉯ 36.3 ㉰ 47.1 ㉱ 59.5

19

$$Q = \frac{k \cdot f \cdot E \cdot g}{C_m}$$

$$= 0.7 \times 0.8 \times \frac{0.9 \times 0.6}{30} = 0.01008 m^3/s$$

$$= 36.288 m^3/hr = 36.3 m^3/hr$$

답 ㉯

20

로더의 규격 표시 방법으로 가장 접합한 것은?

㉮ 표준 버킷의 자체 중량(ton) ㉯ 리프팅 무게(ton)

㉰ 표준 버킷의 산적용적(m3) ㉱ 블레이드 길이(m)

20

답 ㉰

21

셔블계 굴착기의 어태치먼트를 바꿔 고정시킴으로써 할 수 없는 작업은?

㉮ 크레인 작업 ㉯ 콘크리트 포설
㉰ 어드(earth) 드릴 작업 ㉱ 파일박기 작업

22

기중기(crane)의 종류가 아닌 것은?

㉮ 드래그라인(drag line)장치 기중기
㉯ 클램셸(clam shell)장치 기중기
㉰ 셔블(shovel)장치 기중기
㉱ 하이마스트(high mast)장치 기중기

23

유압펌프의 종류 중 용적형 펌프에 해당하지 않는 것은?

㉮ 기어펌프 ㉯ 베인펌프
㉰ 왕복동 펌프 ㉱ 원심펌프

24

아스팔트 피니셔의 옳은 규격 표시는?

㉮ 탱크 용량
㉯ 아스팔트를 부설할 수 있는 표준 포장폭
㉰ 배송 능력
㉱ 아스팔트 혼합제의 생산량

21

답 ㉯

22

답 ㉱

23

터보형 펌프 : 원심·축류·사류 펌프

답 ㉱

24

답 ㉯

25

17ton급 불도저의 전진 3단에서의 견인력이 5100kgf이고, 이때의 작업속도가 7.2km/hr라고 하면 견인출력은?

㉮ 10kW ㉯ 20kW ㉲ 100kW ㉳ 200kW

26

덤프트럭(dump truck)의 주행동력전달장치와 관계가 없는 것은?

㉮ 클러치(clutch) ㉯ 트란스미션(transmission)
㉲ 기화기(carbureter) ㉳ 차동치차장치(differential gear)

27

다음 중 스크레이퍼의 작업 가능 범위가 아닌 것은?

㉮ 굴착 ㉯ 운반 ㉲ 싣기 ㉳ 파쇄

28

타이어 롤러의 특징 설명 중 틀린 것은?

㉮ 로더 롤러에 비하여 일반적으로 조향장치, 제동장치의 조작력이 크게 요구된다.
㉯ 접지압의 증감은 타이어 공기압의 증감과는 무관하다.
㉲ 단열(單列)인 것은 2회의 통과로 다져지지 않는 부분이 없도록 배열되어 있다.
㉳ 흙과의 접착계수가 크므로 로더 롤러에 비하여 연약지반의 작업이 용이하다.

29

아스팔트 피니셔에서 아스팔트 혼화재를 균일한 두께로 다듬질 하는 기구는?

㉮ 스크리드 ㉯ 호퍼 ㉲ 피더 ㉳ 범퍼

25
자중 : $W = 17000kg$
견인력 : $5100kg$
속도 : $V = 72000m/3600 = 2\,m/s$
$\therefore H = \dfrac{FV}{102} = \dfrac{5100 \times 2}{102} = 100kW$

답 ㉲

26 답 ㉲

27 답 ㉳

28 답 ㉯

29 답 ㉮

30

하천의 양쪽에 세운 탑과 탑 사이에 레일 로프를 걸치고 이에 버킷을 장치한 것으로 버킷의 상·하, 좌·우 이동에 의하여 강바닥의 토사를 굴삭, 운반하는 굴삭기로 가장 적합한 것은?

㉮ 버킷 휠 엑스카베이터(bucket wheel excavator)
㉯ 레더 엑스카베이터(ladder excavator)
㉰ 타워 엑스카베이터(tower excavator)
㉱ 드래그 스크레이퍼(drag scraper)

해설 및 정답

30

답 ㉰

건설기계일반 과년도 연습문제 6회

01

중량물을 달아 올려서 운반하는 기계의 명칭은?

㉮ 컨베이어 벨트(Conveyor belt)

㉯ 풀 트레일러(Full trailer)

㉰ 트랙터(Tractor)

㉱ 호이스팅 머신(Hoisting machine)

01

호이스팅 머신 : 공작물을 들어서 운반하는 머신
콘베이어, 트레일러, 트랙터는 끌어서 운반하는 머신

답 ㉱

02

주로 유압백호 굴삭기에 부착하여 사용되는 착암기는?

㉮ 재크해머(Jack hammer)   ㉯ 드리프터(Drifter)

㉰ 스토퍼(Stopper)   ㉱ 브레이커(Braker)

02

답 ㉱

03

쇄석기에 사용되는 스크린의 표시방법 중 메쉬(mesh)란?

㉮ $10cm^2$당 구멍수   ㉯ 1cm당 구멍수

㉰ $1ft^2$당 구멍수   ㉱ 1in당 구멍수

03

답 ㉱

04

작업장치는 크레인 붐에 설치되며 말뚝 박기 작업에 이용되고, 붐 리더, 스트랩, 해머, 로프 등으로 구성되는 건설기계는?

㉮ 백 호우(back hoe)   ㉯ 클램셸(clamshell)

㉰ 파일 드라이버(pile driver)   ㉱ 드래그 라인(drag line)

04

답 ㉰

05

불도저의 규격표시 방법에서 옳은 것은?

㉮ 등판능력　　　　　㉯ 견인력
㉰ 출력　　　　　　　㉱ 중량

06

유압기기 중 압력이 가장 높은 유압펌프는?

㉮ 베인펌프　　　　　㉯ 플렌저 펌프
㉰ 기어펌프　　　　　㉱ 체인펌프

07

크로울러식 트랙터(crawler type tractor)의 접지압에 관한 설명으로 옳은 것은?

㉮ 접지압은 불도저의 중량이 커질수록 높아지나 불도저의 접지면적은 관계없다.
㉯ 접지압은 중량과는 관계없이 접지면적만 넓히면 높아진다.
㉰ 접지압은 중량과 면적을 고려하지 않는다.
㉱ 불도저의 전 장비중량이 일정할 때, 그 접지면적을 넓히면 접지압은 낮아진다.

08

모터 그레이더의 규격표시 방법으로 가장 적합한 것은?

㉮ 스캐리파이어(Scarifier)의 발톱(teeth) 수로 나타낸다.
㉯ 엔진 정격회전수(rpm)로 나타낸다.
㉰ 표준 배토판의 길이(m)로 나타낸다.
㉱ 전륜간 거리(m)로 나타낸다.

해설 및 정답　　㉮㉯㉰㉱

05

답 ㉱

06

용적형 펌프
• 기어펌프 : $70kg/cm^2$ 미만
• 베인펌프 : $70 \sim 210kg/cm^2$
• 플렌저 펌프 : $210kg/cm^2$ 이상

답 ㉯

07

답 ㉱

08

답 ㉰

09

덤프트럭(dump truck)에서 주행 동력 전달장치의 순서로 옳은 것은?

㉮ 엔진 – 클러치 – 변속기 – 차동장치 – 추진축 – 종감속기 – 차축 – 구동륜

㉯ 엔진 – 변속기 – 클러치 – 추진축 – 차동장치 – 종감속기 – 차축 – 구동륜

㉰ 엔진 – 변속기 – 클러치 – 차동장치 – 추진축 – 차축 – 종감속기 – 구동륜

㉱ 엔진 – 클러치 – 변속기 – 추진축 – 차동장치 – 차축 – 종감속기 – 구동륜

10

강판제의 중공(中空) 드럼의 외주에 여러 개의 돌기가 있으며, 주로 피견인식이 많이 사용되는 롤러(roller)는?

㉮ 탬핑 롤러
㉯ 머캐덤 롤러
㉰ 타이어 롤러
㉱ 진동 롤러

11

모터 그레이더의 회전반경을 작게 하여 선회가 용이하도록 한 장치는?

㉮ 리닝 장치
㉯ 아티큘레이트 장치
㉰ 스케리파이어 장치
㉱ 파워 콘트롤 장치

12

아스팔트 플랜트의 드라이어 핫 엘리베이터, 골재 진동선별 장치 등에서 배출되는 연소가스와 먼지를 흡수하여 제거하기 위한 장치는?

㉮ 석분공급장치
㉯ 계량장치
㉰ 골재선별장치
㉱ 집진장치

13

아스팔트 피니셔의 규격표시 방법은?

㉮ 아스팔트를 포설할 수 있는 아스팔트의 무게

㉯ 아스팔트 콘크리트를 포설할 수 있는 표준 포장너비

㉰ 아스팔트 콘크리트를 포설할 수 있는 타이어의 접지너비

㉱ 아스팔트 콘크리트를 포설할 수 있는 도로의 너비

13

답 ㉯

14

불도저의 동력전달 순서로 다음 중 가장 적합한 것은?

㉮ 기관 → 클러치 → 변속기 → 파이널 드라이브기어 → 조향클러치 → 베벨기어 → 스프로켓 → 트랙

㉯ 기관 → 클러치 → 변속기 → 베벨기어 → 조향클러치 → 파이널 드라이브기어 → 스프로켓 → 트랙

㉰ 기관 → 변속기 → 클러치 → 파이널 드라이브기어 → 조향클러치 → 베벨기어 → 스프로켓 → 트랙

㉱ 기관 → 변속기 → 클러치 → 베벨기어 → 조향클러치 → 스프로켓 → 파이널 드라이브기어 → 트랙

14

답 ㉯

15

운반기계에 해당되지 않는 것은?

㉮ 호이스팅 머신(Hoisting machine)

㉯ 트랙터(Tractor)

㉰ 아스팔트 분배기(Asphalt distributor)

㉱ 트랙터 드로운 왜건(Tractor drawn wagon)

15

답 ㉰

16

에어콤프레셔에서 210cfm은 어떠한 규격인가?

㉮ 1분당 210입방피트 압축공기 생산

㉯ 1분당 210평방피트 압축공기 생산

㉰ 1시간당 210입방피트 압축공기 생산

㉱ 1시간당 210평방피트 압축공기 생산

16

답 ㉮

17

왕복식 공기압축기를 실린더 배열상태에 따라 분류한 형식이 아닌 것은?

㉮ 베인(vane)형 ㉯ 수직형
㉰ 수평형 ㉱ 밸런스(balance)형

17
답 ㉮

18

굴삭기의 상부회전체가 하부프레임의 스윙 베어링에 지지되어 있다. 상부회전체의 무게(W)=5ton, 선회속도(V)=3m/sec, 마찰계수(μ)=0.1일 경우 선회동력(H)은?

㉮ 14.7kW ㉯ 17.3kW
㉰ 20.1kW ㉱ 23.8kW

18
동력 $H = \mu WV = \dfrac{0.1 \times 5000 \times 3}{102} = 14.7 \text{kW}$
답 ㉮

19

셔블계 굴착기계에서 중량물의 들어올리기와 내리기, 다른 작업장치를 이용하여 파쇄작업 폐철 수집과 건축시공 등에 많이 사용되는 것은?

㉮ 백 호우(back hoe) ㉯ 크레인(crane)
㉰ 파일 드라이버(pile driver) ㉱ 롤러(roller)

19
답 ㉯

20

모터 그레이더의 규격표시 방법은?

㉮ 표준 베토판의 길이(m)로 표시한다.
㉯ 스캐리파이어(Scarifier)의 길이(m)로 표시한다.
㉰ 작업 가능 상태의 자중(kg)으로 표시한다.
㉱ 최대 정격마력(PS)으로 표시한다.

20
그레이더의 규격은 블레이드(배토판)의 길이이고 블레이드의 규격은 $b \times h$이다.
답 ㉮

21

불도저에서 1시간당 작업량을 K(m³/h), 사이클 시간을 C(min), 토량 환산 계수를 f, 도저의 작업효율을 E라 할 때 블레이드 용량(1회의 흙 운반량) Q는 어떤 식으로 계산되는가?

㉮ $Q = \dfrac{60KC}{E}$

㉯ $Q = \dfrac{KC}{60E}$

㉰ $Q = \dfrac{E}{60KC}$

㉱ $Q = \dfrac{60E}{KC}$

22

모터 그레이더의 구조에 관한 설명으로 옳은 것은?

㉮ 플라이 휠은 릴리스 레버를 밀어주는 일을 한다.

㉯ 클러치 브레이크는 플라이 휘일 내치와 항시 치합되어 엔진 회전 시 같이 회전한다.

㉰ 릴리스 베어링은 원판형 마찰식으로 되어 있으며 클러치 페달을 밟으면 작동한다.

㉱ 클러치 유압부스터는 클러치 분리작용을 해주는 구성품이다.

23

쇄석기계의 제원을 든 것으로 틀린 것은?

㉮ 죠 크러셔의 생산능력은 출구 간격의 크기와 비례한다.

㉯ 파쇄된 골재를 크기별로 선별하는 장치가 있다.

㉰ 벨트 속도는 단위 시간당 움직이는 벨트길이로 한다.

㉱ 생산골재의 크기는 1회통과 때 보다 2회통과 때가 더 크다.

24

콤프레셔(compressor)의 규격을 표시하는 것은?

㉮ kg

㉯ m³

㉰ m³/mm

㉱ m³/min

21

작업량 $K = \dfrac{QE \times 60}{C}[\text{m}^3/\text{hr}]$

답 ㉯

22

답 ㉱

23

답 ㉱

24

압축기의 규격 : 분당 공기 생산량(m³/min)

답 ㉱

25

다이렉트 드라이브 변속기가 장착된 무한궤도식 불도저가 작업 중에 과부하로 인하여 작업속도가 급격히 떨어졌으나 엔진회전 속도는 저하되지 않았다고 하면, 우선 점검할 개소는?

㉮ 내연기관(engine)

㉯ 메인 클러치(main clutch)

㉰ 변속기(transmission)

㉱ 최종 구동장치(final drive system)

26

5ton의 토량을 3m/sec로 운반할 때 원동기의 출력은 몇 Ps인가? (단, 마찰계수 $\mu = 0.3$이다.)

㉮ 10 　　　　㉯ 20 　　　　㉰ 40 　　　　㉱ 60

27

다음은 무한궤도식 불도저의 구조에 관한 설명이다. 이 중에서 옳은 것은?

㉮ 주행속도를 변동시키는 것은 기관전기장치이다.

㉯ 전동효율을 좋게 하기 위하여 토크컨버터를 장착한다.

㉰ 기동륜(스프로켓)은 뒷쪽 중량을 지지한다.

㉱ 하부 롤러(트랙 롤러)는 전체중량을 트랙 슈에 분포시키면서 전동한다.

28

충격식 착암기 사용법에 따른 분류가 아닌 것은?

㉮ 레그해머(leg hammer)　　　㉯ 스토퍼(stopper)

㉰ 웨건 드릴(wagon drill)　　　㉱ 로드 밀(rod mill)

25

답 ㉯

26

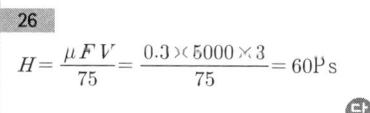

$$H = \frac{\mu F V}{75} = \frac{0.3 \times 5000 \times 3}{75} = 60\,\mathrm{Ps}$$

답 ㉱

27

답 ㉱

28

답 ㉱

29

휠 로더의 작업을 위한 속도조절은 무엇으로 하는가?

㉮ 스로틀 레버(throttle lever) ㉯ 변속 레버

㉰ 주클러치 레버 ㉱ 브레이크 페달

30

지게차의 규격 표시 기준은?

㉮ 자체중량 ㉯ 마스터의 높이

㉰ 최대 들어올림 중량 ㉱ 들어올림 높이

해설 및 정답   ㉮㉯㉰㉱

29

답 ㉯

30

지게차의 규격

포크를 이용하여 물건을 들어올리는 중량

답 ㉰

유체기계 연습문제

01

다음 중 펠톤 수차의 수격 작용을 방지하기 위하여 설치하는 것은?

㉮ 디플렉터
㉯ 초크 밸브
㉰ 니들 밸브
㉱ 교축 밸브

01

• 펠톤 수차의 니들 밸브 앞에 있고, 니들 밸브 조작 때 분류(噴流)를 버킷으로부터 젖혀지게 하는 판을 이른다.
• 펠톤 수차의 속도 조정을 할 때 갑자기 밸브를 닫으면 수격 작용을 일으키기 때문에 분류의 일부를 구부려 버킷에 닿지 않도록 한다.

답 ㉮

02

원심펌프의 공동현상 방지책이 아닌 것은?

㉮ 펌프의 흡입양정(설치 위치)을 높인다.
㉯ 회전수를 적게 한다.
㉰ 흡입 관로 손실을 적게 한다.
㉱ 단 흡입이면 양 흡입으로 한다.

02

답 ㉮

03

원심펌프의 비교회전도 구하는 공식은?

㉮ $\dfrac{n\sqrt{Q}}{H^{\frac{3}{4}}}$

㉯ $\dfrac{n\sqrt{Q}}{H^{3/5}}$

㉰ $\dfrac{n\sqrt{Q}}{2 \cdot H^{5/4}}$

㉱ $\dfrac{n\sqrt{Q}}{H^{3/5}}$

03

답 ㉮

04

다음 중 수차의 조속장치의 부품에 해당하는 것은?

㉮ 스피드링, 서보 모터, 제압기, 니들 밸브
㉯ 스피드링, 서보 모터, 제압기, 니들 밸브, 유압장치
㉰ 스피드링, 서보 모터, 니들 밸브, 유압장치
㉱ 서보 모터, 제압기, 니들 밸브, 유압장치

04

답 ㉮

05

다음 중 펌프의 유효흡입행정(NPSH)에 대한 설명으로 옳은 것은?

㉮ 운전 중 펌프의 흡입구에서 전압과 액체 증기압의 차
㉯ 공동현상이 일어날 때의 흡입 행정
㉰ 공동현상 발생할 때의 펌프의 정압 수두
㉱ 공동현상이 발생할 때 흡입실 행정과 흡입 관로 손실의 합

06

다음 중 용적형 팬에 해당하는 것은?

㉮ 루트 블로어   ㉯ 레이디얼 블로어
㉰ 축류 블로어   ㉱ 터보 블로어

07

왕복 펌프의 유량 계산식 중 옳은 것은? (단, 유량 $Q[\text{m}^3/\text{min}]$, 실린더 직경 D, 행정 L, 회전수 N, 체적 효율 η_v, 각속도 ω이다.)

㉮ $Q = \eta_v \dfrac{\pi D^2}{4} L N$ ㉯ $Q = \dfrac{\pi D^2}{4} L N$

㉰ $Q = \eta_v \dfrac{\pi D}{4} L N$ ㉱ $Q = \eta_v \dfrac{\pi D^2}{4} L \omega$

08

다음 중 다익 팬의 특징에 해당하는 것은?

㉮ 회전차 바깥지름과 회전 속도가 동일 풍량에 대하여 다른 팬에 비해 가장 크다.
㉯ 구조가 간단하고 효율이 가장 낮다.
㉰ 풍량이 변해도 축 동력이 증가하지 않는다.
㉱ 효율이 가장 크다.

09

왕복 펌프의 배수 체적비에 대하여 맞지 않는 것은?

㉮ 배수 곡선의 산수가 많으면 배수 체적의 값이 커진다.
㉯ 배수 체적비는 유량맥동에 비례한다.
㉰ 배수 체적비는 유량의 맥동을 나타내는 척도이다.
㉱ 평균 배수량을 넘는 양은 배수체적과 행정 체적을 비로 나타낸다.

05 답 ㉮
06 답 ㉮
07 답 ㉮
08 답 ㉮
09 답 ㉮

10

다음 중 용적형 압축기에 해당하지 않는 것은?

⑦ 원심식   ④ 왕복식

⓹ 회전식   ④ 나사식

11

길이가 1000m, 안지름 0.45m, 유량이 0.3m³/s 물의 수직 높이가 50m인 양수관까지 양수할 때 펌프의 수동력은 몇 kW인가?

⑦ 182.3   ④ 284.4

⓹ 358.2   ④ 450

12

펌프 축이 1000rpm으로 회전할 때 80kW의 동력을 전달한다. 이때 회전토크는 얼마인가?

⑦ 764.3kJ   ④ 863.3kJ

⓹ 981.3kJ   ④ 283.3kJ

13

펌프지름이 950mm, 회전수 300rpm인 펌프의 원주속도는 약 몇 m/s 인가?

⑦ 15m/s   ④ 25m/s

⓹ 35m/s   ④ 42m/s

14

어느 펌프가 2000rpm으로 전 양정이 100m에 대하여 0.17m³/s의 유량을 방출하고 축 동력을 150kW로 할 때 이 펌프와 상사하고 치수가 2배인 펌프를 1500rpm으로 회전할 때 최대 축 동력은 몇 kW인가?

⑦ 11378kW   ④ 21235kW

⓹ 22115kW   ④ 33254kW

 해설 및 정답   ⑦ ④ ⓹ ④

10

답 ⑦

11

속도 $v = \dfrac{Q}{A} = \dfrac{4Q}{\pi d^2} = 1.88\,\text{m/s}$

손실수두 $h_l = f\dfrac{l}{d}\dfrac{v^2}{2g} = 0.03 \times \dfrac{1000}{0.45} \times \dfrac{1.88^2}{2g}$
$\qquad\qquad = 12\,\text{m}$

전수두 $50 + 12 = 62\,\text{m}$

∴ 동력 $L = \gamma H Q = 9.8 \times 62 \times 0.3 = 182.3\,\text{kW}$

답 ⑦

02

$T = \dfrac{L}{\omega} = \dfrac{80000 \times 60}{2\pi N} = \dfrac{60 \times 80000}{2\pi \times 1000}$
$\quad = 764.3\,\text{kJ}$

답 ⑦

13

$v = \dfrac{\pi d N}{60} = \dfrac{\pi 0.95 \times 300}{60} = 14.922\,\text{m/s}$

답 ⑦

14

$L' = L\left(\dfrac{D'}{D}\right)^5\left(\dfrac{n'}{n}\right)^3 = 150 \times 2^5 \times \left(\dfrac{2000}{1500}\right)^3$
$\quad = 11378\,\text{kW}$

답 ⑦

15

원심펌프의 회전차 출구의 직경 450mm, 회전수 1200rpm, $\alpha_2 = 90°$, $\beta_2 = 25°$, $\omega = 12\,\text{m/s}$일 때 이론 양정을 구하여라.
(단, 깃수는 무한이다.)

㉮ 50.3m   ㉯ 40.3m

㉰ 30.3m   ㉱ 20.3m

16

원심펌프에서 수격 작용에 의한 압력 상승비를 방지하는 방법으로 틀린 것은 어느 것인가?

㉮ 회전차의 관성력을 작게 한다.

㉯ 양정, 유량의 급격한 변화를 일으키지 않도록 한다.

㉰ 급격한 밸브 폐쇄가 일어나지 않도록 한다.

㉱ 서징 탱크를 붙인다.

17

유효 낙차 70m, 유량 95m³/s인 하천을 이용하여 축 출력이 58600kW일 때 수차의 효율을 구하여라.

㉮ 79%   ㉯ 85%

㉰ 89%   ㉱ 93%

18

노즐 입구의 직경을 300mm, 이 부분의 정압수두가 280m, 유량이 45m³/min, 제동 출력이 1900kW인 펠톤 수차의 효율을 구하여라.

㉮ 0.95   ㉯ 0.83

㉰ 0.85   ㉱ 0.99

19

다음 중 비교회전도가 큰 것부터 나열하면 맞는 것은?

㉠ 벌류트 펌프   ㉡ 터빈 펌프   ㉢ 혼류 펌프   ㉣ 축류펌프

㉮ ㉣－㉢－㉠－㉡   ㉯ ㉣－㉢－㉡－㉠

㉰ ㉠－㉡－㉢－㉣   ㉱ ㉡－㉠－㉢－㉣

15

원주속도 $u = \dfrac{\pi DN}{60} = \dfrac{\pi 0.45 \times 1200}{60}$
$\qquad = 28.3\,\text{m/s}$

이론수두 $H_{th\infty} = \dfrac{u_2}{g}(u_2 - \omega_2\cos 25)$
$\qquad = \dfrac{28.3}{9.8} \times (28.3 - 12\cos 25)$
$\qquad = 50.3\,\text{m}$

답 ㉮

16

- 서징 탱크를 붙인다.
- 회전체의 관성을 크게 한다.
- 급격한 밸브 폐쇄를 방지한다.
- 유량 양정 변화를 서서히 한다.

답 ㉮

17

$\eta = \dfrac{L}{L_{th}} = \dfrac{58600}{\gamma HQ} = \dfrac{58600}{9.8 \times 95 \times 70} = 0.89$

답 ㉰

18

전수두 $H = \dfrac{p}{\gamma} + \dfrac{v^2}{2g} = 280 + \dfrac{\left(\dfrac{4 \times 45}{\pi 0.3^2 \times 60}\right)^2}{2 \times 9.8}$
$\qquad = 285.74\,\text{m}$

$\therefore \eta = \dfrac{L}{\gamma HQ} = \dfrac{1900}{9.8 \times 285.74 \times 45/60} = 0.95$

답 ㉮

19

답 ㉮

20

포화증기압이 42434Pa·abs인 물을 지하 2.7m에서 지상으로 퍼올리려고 한다. 그때의 대기압이 101325Pa이고, 흡입 관로 손실을 1m, 물의 비중량을 9800N/m³이라면 공동현상이 관찰되는 NSPH의 최저 한계치는 얼마인가?

㉮ 2.3m ㉯ 10m

㉰ 3.2m ㉱ 6m

20

$$\text{NSPH} = \frac{\Delta p}{\gamma} - h_l = \frac{101325 - 42434}{9800} - 1 - 2.7$$
$$= 2.3\text{m}$$

답 ㉮

21

수차의 정미 출력의 차원은 다음 중 어느 것인가? (단, F는 힘, L은 길이, T는 시간의 차원이다.)

㉮ FLT^{-1} ㉯ FL^{-2}

㉰ FL^{-1} ㉱ FLT^{-2}

21

답 ㉮

22

전양정 4.5m, 유량 120m³/min인 축류, 펌프의 수력 효율이 80%이다. 이 펌프의 축마력은 몇 kW인가?

㉮ 110.25kW ㉯ 221kW

㉰ 241.25kW ㉱ 351.33kW

22

$$L = \frac{\gamma H Q}{\eta} = \frac{9.8 \times 4.5 \times 120}{60 \times 0.8} = 110.25$$

답 ㉮

23

원심펌프에서 수력 손실을 지배하는 인자가 아닌 것은?

㉮ 흡입관과 송출관에서 생기는 마찰 손실이다.

㉯ 회전 차, 안내깃, 스파이얼 케이싱, 송출 노즐을 흐르는 사이의 부차적 손실이다.

㉰ 펌프의 흡입 노즐에서 송출 노즐까지 이르는 유로 전체에 따르는 마찰 손실이다.

㉱ 회전 차의 입구와 출구에서 생기는 충돌 손실이다.

23

답 ㉮

24

수차에서 유효 낙차가 109m, 유량 25.5m3/s로서 25000kW의 출력을 발생하는 수차의 효율은?

㉮ 0.918 ㉯ 0.887

㉰ 0.778 ㉱ 0.711

24

$$\eta = \frac{25000}{9.8 \times 109 \times 25.5} = 0.918$$

답 ㉮

25

어떤 펌프가 매분 2000rpm으로 회전하여 전양정 100m에 대하여 0.17m³/s인 유량을 방출한다. 이것과 상사로서 치수는 2배인 펌프가 매분 1500rpm으로 회전하고 다른 것은 동일 상태로 운전될 때의 전양정은 다음 중 어느 것인가?

㉮ 225m ㉯ 245m
㉰ 250m ㉱ 260m

26

단단 펌프의 축추력을 감소시키기 위한 방법이다. 틀린 것은?

㉮ 전면과 후면 슈라우드의 동일 원주 위에 웨어링 링을 설치하고 후면 슈라우드와 케이싱과의 공간을 흡입노즐과 관에 의해서 접속시킬 필요가 없다.
㉯ 평형 공을 설치한다.
㉰ 후면 슈라우드에 방사상의 리브를 설치한다.
㉱ 단수만큼의 회전차를 반대 방향으로 배열한다.

27

다음 중 용적식 기계에 속하는 것은?

㉮ 회전형 ㉯ 복류형
㉰ 혼류형 ㉱ 축류

28

송풍기 흡입구 정압이 −36.2mmAq, 동압이 17.2mmAq, 송출구의 정압이 63.7mmAq, 동압이 30.3mmAq일 때 전압력은 얼마인가?

㉮ 113mmAq ㉯ 156mmAq
㉰ 167mmAq ㉱ 174mmAq

29

유효낙차 95m, 회전수 300rpm, 출력 1000kW를 내는 수차의 비속도 N_s는 얼마인가?

㉮ 약 101 ㉯ 약 102
㉰ 약 103 ㉱ 약 104

해설 및 정답

25

$$H' = H \times \left(\frac{D_2'}{D_2}\right)^2 \left(\frac{N'}{N}\right)^2$$
$$= 100 \times 2^2 \times \left(\frac{1500}{2000}\right)^2 = 225\,\text{m}$$

답 ㉮

26

답 ㉮

27

답 ㉮

28

전압＝정압＋동압
$$= 63.7 - (-36.2) + 30.3 - 17.2$$
$$= 113$$

답 ㉮

29

$$n_s = n\frac{L^{1/2}}{H^{5/4}} = 300 \times \frac{10000^{0.5}}{95^{5/4}} = 101$$

답 ㉮

30

피스톤의 단면적 100cm², 행정 25cm인 단동 왕복 펌프에서 1왕복당 송출량이 2400cm³이었다. 이 펌프의 체적 효율은?

㉮ 96%   ㉯ 95%

㉰ 94%   ㉱ 93%

31

유효낙차 70m, 유량 95m³/s인 하천을 이용하여 축 출력이 58600kW 일 때 수차의 효율을 구하여라.

㉮ 79%   ㉯ 85%

㉰ 89%   ㉱ 93%

32

펠톤 수차에서 부하가 급격히 감소했을 때 수압관 내의 수격 작용을 방지할 수 있는 기구는?

㉮ 노즐   ㉯ 디프렉터

㉰ 니들 밸브   ㉱ 버켓

33

펌프의 운전 중 관로에 장치된 밸브를 급폐쇄시키면 압력이 상승되고, 충격파가 발생하는 현상은?

㉮ 수격작용   ㉯ 서징현상

㉰ 공동현상   ㉱ 부식작용

34

원심펌프의 축 추력 방지법과 관계가 없는 것은?

㉮ 축의 지름을 증가시킨다.

㉯ 평형 원판을 설치한다.

㉰ 평형공을 설치한다.

㉱ 다단인 경우 회전차를 서로 반대 방향으로 배열한다.

해설 및 정답

30
$$\eta_v = \frac{Q_o}{Q_i} = \frac{2400}{100 \times 25} = 0.96$$
답 ㉮

31
$$\eta = \frac{L}{L_{th}} = \frac{58600}{\gamma HQ} = \frac{58600}{9.8 \times 95 \times 70} = 0.89$$
답 ㉰

32 답 ㉯

33 답 ㉮

34 답 ㉮

35

전효율이 64.8%인 원심펌프의 송출 유량이 2m³/min이고 이 펌프의 수력 효율 및 기계 효율이 각각 90%일 때 누설 유량은 몇 m²/min인가?

㉮ 0.25 ㉯ 0.3

㉰ 0.4 ㉱ 0.5

36

양정 15m, 송출량 2m³/min일 때 축동력 10kW를 필요로 하는 원심펌프의 효율을 구하시오.

㉮ 49% ㉯ 55%

㉰ 65% ㉱ 75%

37

다음 설명 중 터보형 압축기의 특성이 아닌 것은?

㉮ 감속장치로 회전수를 줄이고 맥동이 크다.

㉯ 가스 맥동이 적다.

㉰ 소형 경량이다.

㉱ 고속 회전에 적합하다.

38

송풍기에서 송출 압력과 송출 유량의 주기적인 변동이 일어나는 현상은 다음 중 어느 것인가?

㉮ 맥동 현상(surging) ㉯ 공동현상(cavitation)

㉰ 수격 현상(chattering) ㉱ 물맞이 현상(priming)

39

펠톤 수차의 니들 밸브가 주로 조절하는 것은 무엇인가?

㉮ 유량 ㉯ 분류의 방향

㉰ 노즐에서의 분류속도 ㉱ 버킷의 각도

35

$$\eta_t = \eta_1 \eta_2 \frac{Q_o}{Q_i}$$

$$0.648 = 0.9 \times 0.9 \times \frac{Q_o}{2}$$

$$\therefore \ Q_o = 1.6$$

$$\Delta Q = 2 - 1.6 = 0.4\,\mathrm{m^3/min}$$

답 ㉮

36

$$\eta = \frac{\gamma H Q}{\text{축동력}} = \frac{9.8 \times 10 \times 2}{60 \times 10} = 0.49$$

답 ㉮

37

답 ㉮

38

답 ㉮

39

답 ㉮

40

비교회전도 100, 유효낙차 100m로 10000kW의 동력을 얻으려 한다. 이때 수차의 매분 회전수를 얼마로 하면 되겠는가?

㉮ 316rpm
㉯ 275rpm
㉰ 295rpm
㉱ 326rpm

40

$n_s = n\dfrac{\sqrt{L}}{H^{5/4}}$ 에서 $100 = n\dfrac{\sqrt{10000}}{100^{5/4}}$

$\therefore n = 316\,\text{rpm}$

답 ㉮

41

용적식 송풍기가 같으며, 통상 7kg/cm² 미만의 저압에 사용되는 압축기는?

㉮ 축류식 압축기
㉯ 선진식 압축기
㉰ 왕복식 압축기
㉱ 원심식 압축기

41

답 ㉮

42

다음 중 터빈 펌프를 제일 적당하게 설명한 것은?

㉮ 안내깃이 붙어 있는 펌프로서 고양정용 펌프이다.
㉯ 터빈과 펌프의 작용을 한데 합쳐 놓은 장치로서 축이음 등에 이용되는 것을 말한다.
㉰ 수차로도 쓸 수 있고, 펌프로도 쓸 수 있는 장치이다.
㉱ 많은 유량을 취급하기 위하여 특별히 설계된 펌프이다.

42

답 ㉮

43

다음에서 한계 부하팬 송풍기의 특징을 가장 잘 나타낸 것은?

㉮ 풍량이 설계점 이상으로 증가해도 축동력은 증가하지 않는다.
㉯ 원심 송풍기 중에서 가장 효율이 좋다.
㉰ 같은 주속도의 다른 팬보다 풍량이 많다.
㉱ 시로코 송풍기라고도 한다.

43

답 ㉮

44

다음 중 안내깃의 유무에 따라 원심펌프의 분류 표시를 하고 있는 것은 어느 것인가?

㉮ 벌류트 펌프, 디퓨즈 펌프
㉯ 양흡입 펌프, 반경유 펌프
㉰ 중속형 펌프, 고속형 펌프
㉱ 벌류트 펌프, 단흡입 펌프

44

답 ㉮

45

펠톤 수차에서 비상시에 회전차에 작용하는 물의 방향을 급속히 돌리기 위한 장치는?

㉮ 디플렉터   ㉯ 노즐
㉰ 니들 밸브   ㉱ 버킷

45

답 ㉮

46

풍량 8.34m³/s 진풍압 70mmHg 축류 송풍기의 소요 동력은 얼마인가? (단, 효율은 75%이다.)

㉮ 103.7kW   ㉯ 123.7kW
㉰ 7.6kW   ㉱ 8.4kW

46

$$L = \frac{\gamma H Q}{\eta} = \frac{9.8 \times 13.6 \times 0.07 \times 8.34}{0.75} = 103.7$$

답 ㉮

47

다음 중 반동 수차에 해당되지 않는 것은?

㉮ 펠톤 수차   ㉯ 프로펠러 수차
㉰ 프란시스 수차   ㉱ 카플란 수차

47

답 ㉮

48

다음은 유출 노즐과 흡입 노즐에서 잰 압력을 P_d, P_s라 하고, 유출 노즐과 흡입 노즐에서 측정된 액체의 평균 속도를 V_d, V_s, 유출 및 흡입 노즐에서의 액주계 사이의 거리를 y라 할 때 전양정 H를 구하는 식은 다음 중 어느 것인가?

㉮ $H = \dfrac{P_d - P_s}{\gamma} + y + \dfrac{V_d^2 - V_s^2}{2g}$

㉯ $H = \dfrac{P_d - P_s}{\gamma} + y - \dfrac{V_d^2 - V_s^2}{2g}$

㉰ $H = \dfrac{P_d - P_s}{\gamma} - y - \dfrac{V_d^2 - V_s^2}{2g}$

㉱ $H = \dfrac{P_d - P_s}{\gamma} + y + \dfrac{V_s^2 - V_d^2}{2g}$

48

답 ㉮

49

펌프로 지하 6m의 물을 지상 14m의 탱크에 유량 2m²/min을 양수하려고 한다. 이때 축 동력(L)은 몇 kW인가?

㉮ 5.7

㉯ 5.8

㉰ 8.9

㉱ 9.5

50

다음 중 작용이 단속적이고, 송수량을 일정하게 하기 위하여 공기실이 필요한 펌프는 어느 것인가?

㉮ 왕복펌프

㉯ 원심펌프

㉰ 축류펌프

㉱ 회전 펌프

51

원통형 케이싱에 끼운 축이나 또는 원통에 끼운 슬리브에 나사골을 만들어 축이 회전함으로써 액체를 송출시키는 펌프는 어느 것인가?

㉮ 나사형 점성펌프

㉯ 나사펌프

㉰ 와류 펌프

㉱ 치차펌프

52

다음 중 40~180m의 중낙차 지점에 적용되는 수차는?

㉮ 사류 수차

㉯ 펠톤 수차

㉰ 프루데이론 수차

㉱ 프란시스 수차

53

카플란 수차를 설명한 것은?

㉮ 가동 날개 프로펠러 수차이다.

㉯ 가동 날개 반동 수차이다.

㉰ 안개 날개가 설치된 프로펠러 수차이다.

㉱ 프로펠러 수차를 카플란 수차라고도 한다.

49

$$L = \gamma H Q = 9.8 \times (14 + 6) \times 2 \div 60 = 6.53\,\text{kW}$$

답 ㉮

50

답 ㉮

51

답 ㉮

52

답 ㉮

53

답 ㉮

54

유효낙차 H=60m인 곳에 회전수 n=150rpm으로 회전하고 출력 L=40000kW를 내는 수차를 설계하려고 한다. 어떤 수차가 적당한가?

㉮ 프란시스 수차　　　㉯ 펠톤 수차

㉰ 카플란 수차　　　　㉱ 프로펠러 수차

54

답 ㉮

55

다음 설명 중 유압의 장점이 될 수 없는 것은 어느 것인가?

㉮ 동작 기름의 성질상 온도의 영향을 받기 쉽다.

㉯ 동작 속도를 자유로이 바꿀 수 있다.

㉰ 커다란 조작력을 간단히 얻으며 조절도 쉽다.

㉱ 입력에 대한 출력의 응답이 빠르다.

55

답 ㉮

56

다른 팬에 비하여 구조가 상당이 크고, 효율이 가장 좋은 원심 팬은 어느 것인가?

㉮ 터보 팬　　　　　　㉯ 레이디얼 팬

㉰ 다익 팬　　　　　　㉱ 익형 팬

56

답 ㉮

57

실양정 H_a=30m, 총 손실양정 h_l=6m인 펌프장치에서 전양정 H 를 구하여라.

㉮ 36m　　　　　　　㉯ 25m

㉰ 42m　　　　　　　㉱ 51m

57

$H = H_a + h = 30 + 6 = 36$

답 ㉮

58

다음 중 수차의 분류의 흐름에서 버킷의 원주속도를 u[m/s], 분류의 유속을 v[m/s]라 할 때 버킷에 작용하는 힘을 구하는 식은 어느 것인가?

㉮ $F_b = \dfrac{g}{\Upsilon} Q(v_1 - v_2 \cos\alpha_2)$　　　㉯ $F_b = \dfrac{g}{\Upsilon} Q(v_2 - v_2 \cos\alpha_1)$

㉰ $F_b = \dfrac{g}{\Upsilon} Q(v_2 \cos\alpha_2 - v_1)$　　　㉱ $F_b = \dfrac{g}{\Upsilon} Q(v_1 + v_2 \cos\alpha_2)$

58

$F = \rho Q V$ 착안

답 ㉮

59

양정 $H=5$m, 회전수 $N=5000$rpm, 비교회전도 $N_s=2000$인 축류펌프의 유량 Q는 몇 m³/min인가?

㉮ 178.8
㉯ 158.4
㉰ 136.2
㉱ 128.8

59

$N_s = N\dfrac{\sqrt{Q}}{H^{3/4}}$ 에서

$Q = N_s^2\dfrac{H^{3/2}}{N^2} = 2000^2\dfrac{5^{1.5}}{500^2} = 178.8$

답 ㉮

60

터보 송풍기에 관한 설명 중 틀린 것은 어느 것인가?

㉮ 고속 회전이 불가능하다.
㉯ 소요 동력이 작다.
㉰ 고속 회전이 가능하다.
㉱ 공기의 배출 온도가 100℃ 이상이다.

60

답 ㉮

61

회전식 펌프는 어느 것인가?

㉮ 치차펌프
㉯ 사류펌프
㉰ 왕복 펌프
㉱ 축류펌프

61

답 ㉮

62

다음 중 회전력을 이용한 압축 공기기계는 어느 것인가?

㉮ 공기 터빈
㉯ 공기 바이스
㉰ 공기 프레스
㉱ 공기 이젝터

62

답 ㉮

63

축류펌프에서 회전차의 날개수를 증가시킬 때 유량과 양정은 어떻게 되는가?

㉮ 양정은 불변하고 유량 모두 증가
㉯ 양정과 유량 모두 감소
㉰ 양정과 유량은 증가
㉱ 양정은 증가하고 유량은 불변

63

답 ㉮

64

다단 터빈 펌프에서 회전차의 반을 서로 반대 방향으로 대향해서 배열하는 주된 이유는?

㉮ 서징현상의 발생 억제
㉯ 수격 작용을 감소
㉰ 공동현상의 발생 억제
㉱ 축추력을 감소

65

다음은 회전 펌프의 특징을 설명한 것이다. 틀린 것은?

㉮ 구조는 간단하나 취급이 어렵다.
㉯ 송출량의 맥동이 거의 없다.
㉰ 비교적 점도가 높은 액체에 대해 좋은 성능을 발휘한다.
㉱ 소유량, 고압의 양정에 적합하다.

66

축류 압축기의 1단당 압력비는 얼마 정도인가?

㉮ 1.1 정도
㉯ 2.2 정도
㉰ 3.0 정도
㉱ 4.3 정도

67

다음 중 유압 제어 밸브 중 압력 제어 밸브가 아닌 것은?

㉮ 릴리프 밸브
㉯ 셔틀 밸브
㉰ 시퀀스 밸브
㉱ 카운터 밸런스 밸브

68

유압 구동 기구의 주요밸브에 해당 되지 않는 것은?

㉮ 회로 지시 밸브
㉯ 유량 제어 밸브
㉰ 방향 제어 밸브
㉱ 압력 제어 밸브

64
답 ㉮

65
답 ㉮

66
답 ㉮

67
답 ㉮

68
답 ㉮

69

원심팬이 1600rpm으로 회전시의 전압은 150mmAq, 풍량은 250m³/min 이다. 이 팬의 비교회전도 N_s를 구하시오. (단, 공기의 비중량은 1.2kg/m³이다.)

- ㉮ 677
- ㉯ 711
- ㉰ 619
- ㉱ 723

69

수두를 공기의 높이로 환산

$\gamma_1 h_1 = \gamma_2 h_2 = 1000 \times 0.15 = 1.2 \times h$

$\therefore h = 125\,\mathrm{m}$

$N_s = N \dfrac{\sqrt{Q}}{H^{3/4}} = 1600 \dfrac{\sqrt{250}}{125^{3/4}} = 677$

답 ㉮

70

축압기에 대한 설명은 다음 중 어느 것인가?

- ㉮ 기름이 갖고 있는 에너지를 잠시 저축하는 역할을 한다.
- ㉯ 펌프 흡입 측에 스트레이너를 부착한다.
- ㉰ 유체가 가지는 에너지를 화학적 에너지로 바꾼다.
- ㉱ 펌프 송출압의 맥동을 제거한다.

70

답 ㉮

71

터보 기계의 서징현상과 관계가 없는 것은?

- ㉮ 동력원의 진동
- ㉯ 저유량에서 우향 상승 기울기의 양정 곡선
- ㉰ 송출 유량의 주기적 변동
- ㉱ 송출 압력의 주기적 변동

71

답 ㉮

72

유체커플링에서 drag torque란 무엇인가?

- ㉮ 종동축이 정지되어 원동축이 최대 토크가 될 때 토크
- ㉯ 종동축의 속도가 원동축의 속도보다 클 때 토크
- ㉰ 종동축과 원동축이 토크 비가 1일 때
- ㉱ 종동축에 부하가 걸리지 않을 때

72

답 ㉮

73

어느 송풍기가 960rpm으로 운전될 때, 풍량이 15m³/min, 전압 47mmAq를 낸다. 만일 이 송풍기를 1440rpm으로 운전한다면 풍량 은 몇 m³/min인가?

- ㉮ 22.5
- ㉯ 15.6
- ㉰ 18.4
- ㉱ 33.7

73

$Q' = Q \left(\dfrac{D'}{D} \right)^2 \dfrac{n'}{n} = 15 \times \left(\dfrac{1}{1} \right)^3 \dfrac{1440}{960} = 22.5$

답 ㉮

74

터보 기계에 속하는 것은?

㉮ 축류 압축기　　　　　　㉯ 루츠 압축기

㉰ 스크류 회전 압축기　　　㉱ 베인형 회전 압축기

74

답 ㉮

75

유효낙차 20m, 유량 10000ℓ/s, 수차효율 0.85, 발전기 효율 0.96의 수력발전소가 있다. 이 발전소의 출력은 몇 kW인가?

㉮ 1600kW　　　　　　㉯ 1882.4kW

㉰ 1666.7kW　　　　　㉱ 2000kW

75

$H = \eta_1 \eta_2 \gamma H Q = 0.85 \times 0.96 \times 9.8 \times 20 \times 10$
$= 1599 \text{kW}$

답 ㉮

76

출력을 L[kW], 회전수를 n[rpm], 유효낙차 H[m]라고 하면 수차의 비교회전도 n_s를 나타내는 식은?

㉮ $n_s = \dfrac{n\sqrt[1]{L}}{\sqrt[4]{H^5}}$　　　　　　㉯ $n_s = \dfrac{n\sqrt[1]{L}}{\sqrt[5]{H^4}}$

㉰ $n_s = \dfrac{n\sqrt[1]{L}}{\sqrt[3]{H^6}}$　　　　　　㉱ $n_s = \dfrac{n\sqrt[1]{L}}{\sqrt[4]{H^3}}$

76

답 ㉮

77

어떤 펌프가 2000rpm으로 전양정 100m에 대하여 0.17m³/s의 유량을 방출하고, 축동력은 250kW이다. 이 펌프와 상사로서 치수가 2배인 펌프가 1500rpm로 회전하는 경우 축동력은 얼마인가?

$$L = L'\left(\frac{D'}{D}\right)^5\left(\frac{n'}{n}\right)^3 = 250\left(\frac{2}{1}\right)^5 \times \left(\frac{1500}{2000}\right)^3 = 3375$$

㉮ 3375kW　　　　　　㉯ 2570kW

㉰ 452kW　　　　　　㉱ 4329kW

77

답 ㉮

78

펌프의 송출 압력 20MPa에서 실제 송출 유량은 24ℓ/min이면 회전수는 1000rpm에서 소비 동력이 12kW라면 펌프의 효율은 얼마인가?

㉮ 66.7%　　　　　　㉯ 78.7%

㉰ 88.8%　　　　　　㉱ 80.8%

78

$\eta = \dfrac{PQ}{\text{소비동력}} = \dfrac{20 \times 10^6 \times 24 \times 10^{-3}}{60 \times 12 \times 10^3} = 0.666$

답 ㉮

79

비중 1.2의 유체를 매분 4m³의 비율로써 높이 12m까지 양수하는데 요하는 펌프의 수동력은 몇 kW가 되는가?

㉮ 9.4kW
㉯ 8.4kW
㉰ 7.9kW
㉱ 10.4kW

79

$$L = \gamma H Q = 1.2 \times 9.8 \times 12 \times \frac{4}{60} = 9.4$$

답 ㉮

80

다음 중 축류펌프 특징을 잘못 설명한 것은?

㉮ 고속 운전에 적합하나 가격이 비싸고 형태가 크다.
㉯ 푸트밸브 및 송출밸브를 생략할 수 있다.
㉰ 대유량 저양정에 적합하다.
㉱ 구조가 간단하고 가격이 저렴하다.

80

답 ㉮

81

다음 중 반동 수차가 아닌 것은?

㉮ 펠톤 수차
㉯ 카플란 수차
㉰ 프로펠러 수차
㉱ 프랜시스 수차

81

답 ㉮

82

다음 펌프 중 비교회전도가 가장 높은 것은?

㉮ 축류 펌프
㉯ 다단 터빈 펌프
㉰ 터빈 펌프
㉱ 다단 벌류트 펌프

82

답 ㉮

83

다음 각종 밸브를 설명한 것 중 틀린 것은?

㉮ 리프트 밸브: 유체의 유동 방향과 밸브 시트가 평행으로 움직이면서 유로의 간격을 조절하여 유량을 조절한다.
㉯ 슬루우스 밸브: 밸브판이 유체의 흐름에 평행으로 작용하고 게이트 밸브, 슬라이딩 밸브라고도 한다.
㉰ 회전 밸브: 원뿔면 또는 원통면 밸브 시트 안에서 밸브가 회전하고 유체가 그 회전축에 직각으로 유동한다.
㉱ 버터플라이 밸브: 원판상의 밸브를 흐름과 직각인 축의 둘레에 회전시켜서 유량을 조절한다.

83

답 ㉮

84

재생 펌프의 특징을 기술한 것 중 옳은 것은?

㉮ 펌프의 구조가 복잡하다.

㉯ 비교적 높은 양정으로 소량 송출하는데 사용되지 않는다.

㉰ 소형 펌프로써 양수기로 적합하지 않다.

㉱ 효율은 다른 펌프에 비해 낮다.

85

다음 공기기계 중 용적형인 것은?

㉮ 프로펠러 팬 ㉯ 시로코 팬

㉰ 루쯔 블로워 ㉱ 레디얼 블로워

86

방향 제어 밸브에 해당하는 것은?

㉮ 체크 밸브 ㉯ 시퀀스 밸브

㉰ 슬로우 리턴 밸브 ㉱ 카운터 밸런스 밸브

87

2단 직결식 터보 팬에서 송풍기 전압 200mmAq일 때 풍량이 10m³/min, 축동력이 0.5kW이었다. 전압 효율은 얼마인가?

㉮ 65.3% ㉯ 50%

㉰ 36.2% ㉱ 40.5%

88

다음 중 인공적인 낙차를 이용하는 수력발전소의 방식은?

㉮ 댐 – 수로식 발전소 ㉯ 댐식 발전소

㉰ 양수식 발전소 ㉱ 수로식 발전소

89

원심펌프에서 케이싱을 스파이럴로 만든 목적은?

㉮ 손실을 적게 하기 위하여

㉯ 축을 모터와 직결하기 위하여

㉰ 공동현상을 적게 하기 위하여

㉱ 축추력을 방지하기 위하여

해설 및 정답   ㉮ ㉯ ㉰ ㉱

84 답 ㉮

85 답 ㉮

86 답 ㉮

87
$$\eta = \frac{\gamma H Q}{0.5} = \frac{9.8 \times 0.2 \times 10}{60 \times 0.5} = 0.653$$
답 ㉮

88 답 ㉮

89 답 ㉮

90

대형 다단 펌프에서 전회전차의 반수씩을 서로 반대 방향으로 배열한다. 주된 이유는 무엇인가?

㉮ 축추력을 감소시키기 위하여
㉯ 마찰 손실을 감소시키기 위하여
㉰ 유량을 증가시키기 위하여
㉱ NPSH를 증가시키기 위하여

90

답 ㉮

91

다음 중 터보형에 해당하지 않는 것은?

㉮ 원심식   ㉯ 사류식
㉰ 축류식   ㉱ 왕복식

91

- **용적형** : 왕복식, 회전식
- **터보형** : 원심, 축류, 사류

답 ㉱

92

다음 수력기기 중 반동 수차에 해당하는 것은?

㉮ 프로펠러 수차, 프란시스 수차, 카플란 수차
㉯ 펠톤 수차, 프란시스 수차
㉰ 카플란 수차, 펠톤 수차
㉱ 펠톤 수차, 프로펠러 수차

92

- 충격수차(펠톤 수차)
- 반동수차 : 프란시스 수차, 프로펠러 수차, 카플란 수차

답 ㉮

93

다음 중 유압식 펌프에 해당되지 않는 것은?

㉮ 기어펌프   ㉯ 베인펌프
㉰ 플렌저 펌프   ㉱ 디퓨저 펌프

93

 답 ㉱

94

다음 중 제어 밸브에 해당되지 않는 것은?

㉮ 압력 조절   ㉯ 유량 조절
㉰ 방향조절   ㉱ 속도 조절

94

 답 ㉱

95

다음 중 유압기기의 구성 요소에 해당되지 않는 것은?

㉮ 펌프　　　　　　　　㉯ 제어 밸브

㉰ 작동기　　　　　　　㉱ 유체 커플링

95

답 ㉮

96

다음 중 안내깃이 달린 펌프는 어느 것인가?

㉮ 디퓨저 펌프　　　　　㉯ 인벌류트 펌프

㉰ 베인펌프　　　　　　㉱ 피스톤 펌프

96

답 ㉮

97

다음 중 안내깃이 없는 펌프는?

㉮ 인벌류트 펌프　　　　㉯ 베인 펌프

㉰ 피스톤 펌프　　　　　㉱ 터빈 펌프

97

답 ㉮

98

다음 중 원심펌프의 양수장치 원리를 설명한 것 중 알맞은 것은?

㉮ 회전차의 원심력을 이용한 것이다.

㉯ 날개차 익형의 양력을 이용한 것이다.

㉰ 익형의 양력과 원심력을 이용한 것이다.

㉱ 게이싱과 회전차 사이의 마찰력을 이용한 것이다.

98

답 ㉮

99

다음 중에서 양정이 높을 때 사용하는 펌프는 어느 것인가?

㉮ 다단 펌프　　　　　　㉯ 단단 펌프

㉰ 양 흡입 펌프　　　　　㉱ 단 흡입 펌프

99

답 ㉮

100

다음 중 유량을 많이 필요로 할 때 사용되는 펌프는?

㉮ 양 흡입 펌프　　　　　㉯ 단 흡입 펌프

㉰ 단단 펌프　　　　　　㉱ 다단 펌프

100

답 ㉮

101

펌프에 있어서 회전수를 N[rpm], 양정을 H[m], 유량을 $Q(\ell/\text{min})$일 때 비교회전도를 구하는 식은?

㉮ $N_S = \dfrac{N\sqrt{Q}}{H^{3/4}}$ ㉯ $N_S = \dfrac{\sqrt{N}\,Q}{H^{3/4}}$

㉰ $N_S = \dfrac{N\sqrt{Q}}{H^{4/3}}$ ㉱ $N_S = \dfrac{NQ^2}{H^{3/4}}$

102

양정이 200m, 유량이 2m³/min, 회전수 3000rpm인 4단 원심펌프의 비교회전도는 몇 rpm인가?

㉮ 226 ㉯ 422

㉰ 552 ㉱ 662

103

축추력 방지법 중 관련이 없는 것은?

㉮ 회전차의 직경을 크게 한다.
㉯ 트러스트 베어링을 장착한다.
㉰ 평형평판을 사용한다.
㉱ 양흡입형 회전차를 선택한다.

104

다음 중 유량이 50m³/min, 양정이 10m, 비교회전도 600rpm일 때 1단 원심펌프의 회전수를 구한 것 중 맞는 것은?

㉮ 477rpm ㉯ 557rpm

㉰ 607rpm ㉱ 717rpm

105

펌프의 양정 H, 유효흡입수두를 $\triangle h$, 토마의 캐비테이션 계수를 σ라 할 때 관계식 중 맞는 것은?

㉮ $\triangle h = \sigma \times H$ ㉯ $H = \sigma \times \triangle h$

㉰ $\sigma = \triangle h \times H$ ㉱ $H = \sigma \times \triangle h$

해설 및 정답

101
답 ㉮

102
$$N_s = \frac{NQ^{1/2}}{(H/i)^{3/4}} = \frac{3000 \times 2^{0.5}}{\left(\dfrac{200}{4}\right)^{3/4}} = 225.6$$
$$= 226\,\mathrm{rpm}$$
답 ㉮

103
답 ㉮

104
답 ㉮

105
답 ㉮

106

원심펌프에서 캐비테이션 현상이 발생하는 곳은?

㉮ 회전차 날개 입구를 지난 날개의 이면
㉯ 펌프의 흡입 밸브
㉰ 펌프의 출구측 밸브
㉱ 회진차 날개 표면

107

펌프의 공동현상의 영향이 아닌 것은?

㉮ 펌프의 효율 상승
㉯ 날개 침식
㉰ 펌프의 소음 및 진동발생
㉱ 양정 곡선과 효율저하

108

축류펌프의 양정은 대략 어느 정도인가?

㉮ 1~5m   ㉯ 5~8m
㉰ 10~12m   ㉱ 20~30m

109

압력 1.2MPa이고, 속도가 12m/s, 높이가 8m일 때 물의 총 수두는 얼마인가?

㉮ 137.8m   ㉯ 152.1m
㉰ 183.3m   ㉱ 210.2m

110

원심펌프의 유량을 증가시키는 방법은?

㉮ 병렬로 연결   ㉯ 직렬로 연결
㉰ 혼합 연결   ㉱ 회전수 감소

해설 및 정답   ㉮ ㉯ ㉰ ㉱

106
답 ㉮

107
답 ㉮

108
답 ㉮

109
답 ㉮

110
답 ㉮

111

원심펌프 운전시 직렬로 연결하는 목적은 무엇인가?

㉮ 양정　　　　　　㉯ 유량

㉰ 동력　　　　　　㉱ 효율

111

답 ㉮

112

다음 중 축류펌프의 장점이 아닌 것은?

㉮ 비속도가 적다.

㉯ 같은 유량에 비해 타 펌프보다 형상이 적고 값이 싸다.

㉰ 양정 변화에 따라 유량 변화가 적다.

㉱ 유로가 짧고 구조가 간단하다.

112

답 ㉮

113

축류펌프의 캐비테이션 현상은 깃의 어느 부위에서 발생하는가?

㉮ 날개의 선단 상부　　㉯ 날개 후단 하부

㉰ 날개의 두께가 두꺼운 하부　㉱ 날개의 두께가 얇은 부분

113

답 ㉮

114

다음 중 축류펌프의 양력 구하는 식은?

㉮ $C = C_L \dfrac{\rho A v^2}{2} = C_L \dfrac{\rho b l \omega_\infty^2}{2}$　　㉯ $C = C_L \dfrac{\rho A v}{2} = C_L \dfrac{\rho b l \omega_\infty}{2}$

㉰ $C = C_L \dfrac{g A v^2}{2} = C_L \dfrac{g b l \omega_\infty^2}{2}$　　㉱ $C = C_L \dfrac{A v^2}{2g} = C_L \dfrac{b l \omega_\infty^2}{2g}$

114

답 ㉮

115

다음 중 축류펌프의 항력을 구하는 식은?

㉮ $D = C_D \cdot \dfrac{\rho A v^2}{2} = C_D \cdot \rho b l \dfrac{\omega_\infty^2}{2}$

㉯ $D = C_D \cdot \dfrac{\rho A v}{2} = C_D \cdot \rho b l \dfrac{\omega_\infty}{2}$

㉰ $D = C_D \cdot \dfrac{g A v^2}{2} = C_D \cdot g b l \dfrac{\omega_\infty^2}{2}$

㉱ $D = C_D \cdot \dfrac{A v^2}{2g} = C_D \cdot b l \dfrac{\omega_\infty^2}{2g}$

115

답 ㉮

116

양정 5m, 회전수 600rpm, 비교회전도 1500인 축류펌프의 유량 몇 m³/min인가?

㉮ 70

㉯ 80

㉰ 90

㉱ 100

117

전원 주파수 50Hz이고 회전수 500rpm, 50kW의 동력을 전달할 때 전동기의 극수는 얼마인가?

㉮ 12

㉯ 22

㉰ 33

㉱ 44

118

양정이 3m, 유량이 120m³/min인 축류펌프의 비교회전도가 1200일 때 회전수를 구한 것 중 옳은 것은?

㉮ 250

㉯ 300

㉰ 350

㉱ 400

119

다음 중 왕복식 펌프에 해당하는 것은?

㉮ 플렌저 펌프

㉯ 기어펌프

㉰ 베인펌프

㉱ 원심펌프

120

펌프밸브의 구비조건 중 옳지 않은 것은?

㉮ 누설 방지를 위해 밸브 중량이 클 것

㉯ 내구성이 좋을 것

㉰ 유체가 밸브 통과시 저항이 적을 것

㉱ 밸브 개폐시기가 정확할 것

해설 및 정답

116

$n_s = \dfrac{N\sqrt{Q}}{H^{3/4}}$ 에서

$Q = \dfrac{n_s H^{1.5}}{N^2} = \dfrac{1500^2 \times 5^{1.5}}{600^2} = 69.8$

답 ㉮

117

$p = \dfrac{120 \times f}{n} = \dfrac{120 \times 50}{500} = 12$

답 ㉮

118

$n_s = \dfrac{N\sqrt{Q}}{H^{3/4}}$

답 ㉮

119

답 ㉮

120

답 ㉮

121

다음 중 초고압 펌프에 해당하는 것은?

㉮ 플렌저 펌프   ㉯ 베인펌프

㉰ 기어펌프   ㉱ 나사펌프

122

펌프의 송출량 $Q = 0.5\,\mathrm{m^3/min}$, 양정 $H = 30\mathrm{m}$, 효율 0.85일 때 축 동력은 몇 kW인가?

㉮ 2.88   ㉯ 3.88

㉰ 4.88   ㉱ 5.88

123

피스톤 직경이 80mm이고, 행정이 60mm, 회전수가 1500rpm인 왕복 펌프의 속도는 얼마인가?

㉮ 2.5m/s   ㉯ 3.5m/s

㉰ 4.5m/s   ㉱ 5.5m/s

121

답 ㉮

122

$$L = \frac{\gamma H Q}{60\eta} = \frac{9.8 \times 30 \times 0.5}{60 \times 0.85} = 2.88$$

답 ㉮

123

피스톤 속도

$$v = \frac{2sN}{60} = \frac{2 \times 60 \times 1500}{60} = 2.5\,\mathrm{m/s}$$

답 ㉮

기계시리즈 ❻

건설기계일반 및 유체기계

값 14,000원

저 자	김 정 배
발행인	문 형 진

2014년 1월   5일   제1판 제1쇄 인쇄
2014년 1월 10일   제1판 제1쇄 발행

발행처 🔺 세 진 사

136-087   서울특별시 성북구 보문동 7가 112-8(세진빌딩)
TEL : 922-6371~3, 923-3422·7224 / FAX : 927-2462
〈등록. 1976. 9. 21. / 등록번호. 서울 제6-28호〉